Das Ingenieurwissen: Werkstoffe

Horst Czichos · Birgit Skrotzki ·
Franz-Georg Simon

Das Ingenieurwissen:
Werkstoffe

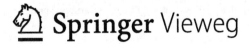

Horst Czichos
Beuth Hochschule für Technik
Berlin, Deutschland

Birgit Skrotzki, Franz-Georg Simon
BAM Bundesanstalt für Materialforschung und -
prüfung
Berlin, Deutschland

ISBN 978-3-642-41125-0
DOI 10.1007/978-3-642-41126-7

ISBN 978-3-642-41126-7 (eBook)

Die Deutsche Nationalbibliothek verzeichnet diese Publikation in der Deutschen Nationalbibliografie; detaillierte bibliografische Daten sind im Internet über http://dnb.d-nb.de abrufbar.

Das vorliegende Buch ist Teil des ursprünglich erschienenen Werks „HÜTTE - Das Ingenieurwissen", 34. Auflage.

Springer Vieweg ist eine Marke von Springer DE. Springer DE ist Teil der Fachverlagsgruppe Springer Science+Business Media
www.springer-vieweg.de

Vorwort

Die HÜTTE Das Ingenieurwissen ist ein Kompendium und Nachschlagewerk für unterschiedliche Aufgabenstellungen und Verwendungen. Sie enthält in einem Band mit 17 Kapiteln alle Grundlagen des Ingenieurwissens:

- Mathematisch-naturwissenschaftliche Grundlagen
- Technologische Grundlagen
- Grundlagen für Produkte und Dienstleistungen
- Ökonomisch-rechtliche Grundlagen

Je nach ihrer Spezialisierung benötigen Ingenieure im Studium und für ihre beruflichen Aufgaben nicht alle Fachgebiete zur gleichen Zeit und in gleicher Tiefe. Beispielsweise werden Studierende der Eingangssemester, Wirtschaftsingenieure oder Mechatroniker in einer jeweils eigenen Auswahl von Kapiteln nachschlagen. Die elektronische Version der Hütte lässt das Herunterladen einzelner Kapitel bereits seit einiger Zeit zu und es wird davon in beträchtlichem Umfang Gebrauch gemacht.

Als Herausgeber begrüßen wir die Initiative des Verlages, nunmehr Einzelkapitel in Buchform anzubieten und so auf den Bedarf einzugehen. Das klassische Angebot der Gesamt-Hütte wird davon nicht betroffen sein und weiterhin bestehen bleiben. Wir wünschen uns, dass die Einzelbände als individuell wählbare Bestandteile des Ingenieurwissens ein eigenständiges, nützliches Angebot werden.

Unser herzlicher Dank gilt allen Kolleginnen und Kollegen für ihre Beiträge und den Mitarbeiterinnen und Mitarbeitern des Springer-Verlages für die sachkundige redaktionelle Betreuung sowie dem Verlag für die vorzügliche Ausstattung der Bände.

Berlin, August 2013
H. Czichos, M. Hennecke

Das vorliegende Buch ist dem Standardwerk *HÜTTE Das Ingenieurwissen 34. Auflage* entnommen. Es will einen erweiterten Leserkreis von Ingenieuren und Naturwissenschaftlern ansprechen, der nur einen Teil des gesamten Werkes für seine tägliche Arbeit braucht. Das Gesamtwerk ist im sog. Wissenskreis dargestellt.

Das Ingenieurwissen
Grundlagen

Mathematik
Statistik
Patente
Physik
Recht
Chemie
Normung
Werkstoffe
Management
Mechanik
Betriebswirtschaft
Thermodynamik
Produktion
Elektrotechnik
Konstruktion
Messtechnik
Entwicklung
Regelungstechnik
Informatik
Steuerungstechnik

Inhaltsverzeichnis

Werkstoffe
H. Czichos, B. Skrotzki, F.-G. Simon

Werkstoffe

H. Czichos
B. Skrotzki
F.-G. Simon

1 Übersicht

1.1 Der Materialkreislauf

Die Prozesse und Produkte der Technik erfordern zu ihrer Realisierung eine geeignete materielle Basis. *Material* ist die zusammenfassende Bezeichnung für alle natürlichen und synthetischen Stoffe, Materialforschung, Materialwissenschaft und Materialtechnik sind die sich mit den Stoffen befassenden Gebiete der Forschung, Wissenschaft und Technik.

Werkstoffe im engeren Sinne nennt man Materialien im festen Aggregatzustand, aus denen Bauteile und Konstruktionen hergestellt werden können [1]. Bei den *Konstruktionswerkstoffen* stehen die mechanisch-technologischen Eigenschaften im Vordergrund. *Funktionswerkstoffe* sind Materialien, die besondere funktionelle Eigenschaften, z. B. physikalischer und chemischer Art oder spezielle technisch nutzbare Effekte realisieren, z. B. optische Gläser, Halbleiter, Dauermagnetwerkstoffe [2].

Die *Energieträger*, wie Kraftstoffe, Brennstoffe, Explosivstoffe gehören im strengen Sinne nicht zu den genannten Gruppen, d. h. sie sind als Materialien, aber nicht als Werkstoffe zu bezeichnen. Den stofflichen Grundprozess der gesamten Technik fasst der im Bild 1-1 skizzierte Materialkreislauf zusammen. Er stellt den Weg der (späteren) Materialien von den natürlichen Vorräten über Rohstoffe, Werkstoffe zu technischen Produkten dar und ist durch die Aufeinanderfolge unterschiedlichster Technologien gekennzeichnet:

– Rohstofftechnologien zur Ausnutzung der natürlichen Ressourcen,

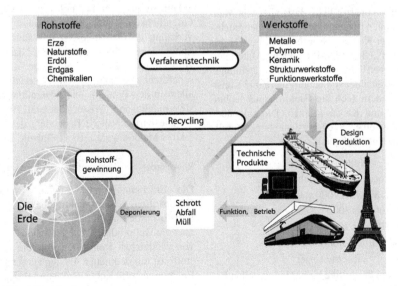

Bild 1-1. Der Materialkreislauf

H. Czichos, B. Skrotzki, F.-G. Simon, *Das Ingenieurwissen: Werkstoffe*,
DOI 10.1007/978-3-642-41126-7_1, © Springer-Verlag Berlin Heidelberg 2014

– Werkstofftechnologien zur Erzeugung von Werkstoffen und Halbzeugen aus den Rohstoffen,
– Konstruktionsmethoden und Produktionstechnologien für Entwurf und Fertigung von Bauteilen und technischen Produkten,
– Betriebs-, Wartungs- und Reparaturtechnologien zur Gewährleistung von Funktionsfähigkeit und Wirtschaftlichkeit des Betriebs,
– Wiederaufbereitungs- und Rückgewinnungstechnologien zur Schließung des Materialkreislaufs durch Recycling oder – falls dies nicht möglich ist – durch Deponierung.

Unter wirtschaftlichen Aspekten ist der Materialkreislauf auch als Wertschöpfungskette zu betrachten. Die für technische Produkte benötigten Konstruktions- und Funktionswerkstoffe müssen dem jeweiligen Anwendungsprofil entsprechen und gezielt bezüglich Material- und Energieverbrauch, Qualität, Zuverlässigkeit, Wirtschaftlichkeit, Gebrauchsdauer, Umweltschutzerfordernissen usw. optimiert werden.

1.2 Werkstoffe in Kultur, Wirtschaft, Technik und Umwelt

Kultur- und Technikgeschichte der Werkstoffe

Werkstoffe bilden die stoffliche Basis aller von Menschen geschaffenen Erzeugnisse: von den Gebrauchsgegenständen der Kupfer-, Bronze- und Eisenzeit bis zu den heutigen „High-Tech-Produkten". Materialeigenschaften prägen damit nicht nur das Erscheinungsbild und die Originalität von Kulturgütern und Kunstwerken [3], sondern auch die Funktionalität technischer Bauteile und Konstruktionen. Die folgenden Stichworte geben eine kurze Übersicht über kulturelle und technische Entwicklungen:

Kulturgeschichte
– Altsteinzeit vor etwa 10 000 Jahren
– Jungsteinzeit, 8000 bis 7000 v. Chr.
– Kupferzeit, 7000 bis 3000 v. Chr.
– Bronzezeit, 3000 bis 1000 v. Chr.
– Eisenzeit seit Mitte 2. Jahrtausend v. Chr.
„Eiserne Engel"
– Maschinen von der Antike bis zur industriellen Revolution (Walter Kiaulehn)

Werkstoffe im 20. Jahrhundert:
Basis für Technologien und Industrien [4]
– Aluminiumlegierungen seit den 20ern → Flugzeugbau, Luftfahrtindustrie
– Hartmetalle seit den 30ern → Fertigungs-, Produktionstechnik
– Polymere seit den 40ern → Kunststoffe, Chemische Industrie
– Superlegierungen seit den 50ern → Düsentriebwerke, Turbinenbau
– Halbleiter seit den 60ern → Transistortechnik, Elektronikindustrie
– Neue Keramiken seit den 70ern → „High-Tech-Industrien"
– Bio-Materialien seit den 80ern → Biotechnologien, Medizintechnik
– Nano-Materialien seit den 90ern → Mikro- und Nanotechnik

Wirtschaftliche Bedeutung

„Leistungsfähigkeit, Wirtschaftlichkeit und Akzeptanz industrieller Produkte und Systeme hängen entscheidend von den eingesetzten Materialien ab. Die zentrale Rolle von Materialien und maßgeschneiderten Werkstoffen für die Entwicklung zukunftsorientierter Technologien ist einer breiteren Öffentlichkeit jedoch kaum bewusst und wird oft verkannt, da die eingesetzten Materialien vielfach hinter das fertige System oder das Endprodukt zurücktreten. Die technologische und volkswirtschaftliche Bedeutung von Materialien liegt vor allem in den Produkt- und Systeminnovationen, die sie ermöglichen." (Wissenschaftsrat, 1996 [5]).

Die wirtschaftliche Bedeutung des Produktionsfaktors Material geht z. B. aus Tabelle 1-1 hervor.

Ressourcen für Werkstoffe

Die Erzeugung von Metallen, Baustoffen und Kunststoffen basiert naturgemäß auf der Welt-Rohstoffförderung. Tabelle 1-2 gibt einen Überblick über die Weltproduktion in den Jahren 2000 und 2009 von zahlreichen Rohstoffen. Für die meisten Rohstoffe ist ein deutlicher Anstieg zu verzeichnen. Die Energierohstoffe Kohle, Erdöl und Erdgas sind ebenfalls aufgeführt. Als Ressource für die Herstellung

Tabelle 1-1. Materialien als Produktionsfaktor der Wirtschaft (Quelle: Statist. Jahrbuch für die Bundesrepublik Deutschland 2008)

- Kraftfahrzeugbau
  Bruttoproduktionswert 344,0 Mrd. €, davon
  - Materialverbrauch   55,9%
  - Personalkosten   14,8%
  - Sonstiges   29,3%
- Maschinenbau
  Bruttoproduktionswert 237,8 Mrd. €, davon
  - Materialverbrauch   44,1%
  - Personalkosten   24,2%
  - Sonstiges   31,7%
- Chemische Industrie
  Bruttoproduktionswert 137,6 Mrd. €, davon
  - Materialverbrauch   44,6%
  - Personalkosten   14,8%
  - Sonstiges   40,6%
- Elektrische Ausrüstungen
  Bruttoproduktionswert 106,8 Mrd. €, davon
  - Materialverbrauch   39,6%
  - Personalkosten   26,2%
  - Sonstiges   34,2%
- Datenverarbeitungsgeräte, elektrische
  und optische Erzeugnisse
  Bruttoproduktionswert 80,6 Mrd. €, davon
  - Materialverbrauch   40,3%
  - Personalkosten   22,0%
  - Sonstiges   37,7%

von Werkstoffen und anderen Chemieprodukten werden nur etwa 8% des Erdöls genutzt. Der Anteil von Kohle, Erdöl und Erdgas am Primärenergieverbrauch betrug 2010 in Deutschland 23, 34 bzw. 22%.
Die derzeit bekannten Vorräte führen unter den jetzigen Verbrauchsbedingungen zu geschätzten Nutzungsdauern von etwa 200, 40 bzw. 60 Jahren. Die statische Nutzungsdauer der Metalle (Momentaufnahme eines dynamischen Systems) variiert zwischen 20 und 40 Jahren; sie liegt bei Aluminium (Bauxit) und Eisenerz bei über 100 Jahren.
Der spezifische Energiebedarf für die Erzeugung von Stahl, Kunststoffen und Aluminium ist in Tabelle 1-3 dargestellt [6, 7]. Die Analyse des Energieverbrauchs für ein technisches Produkt hat den kumulierten Energiebedarf im Materialkreislauf zu berücksichtigen, der sich als Summe des Energieverbrauchs für die Herstellung, bei der Nutzung und für die Entsorgung des Produktes ergibt.

Tabelle 1-2. Weltproduktion von mineralischen Rohstoffen und *Energierohstoffen*. Bei den Metallen beziehen sich die Zahlenwerte auf den Metallgehalt, wenn nicht ausdrücklich das Erz genannt wird

Rohstoff	Weltjahresproduktion (1000 t, Erdgas in 10^6 m^3)	
	2000	2009
Kohle	4 310 000	6 938 000
Rohöl	3 583 000	3 714 000
Erdgas	2 509 000	3 093 000
Eisenerz	1 083 000	2 248 000
Salz	211 400	266 700
Bauxit	139 000	199 000
Phosphat	133 000	159 000
Gips	98 100	132 700
Schwefel	52 000	64 200
Pottasche	26 900	20 700
Aluminium	24 600	36 900
Kaolin	22 400	21 000
Magnesit	20 100	24 300
Chromerze	14 700	18 700
Feldspat	13 000	20 171
Kupfer	13 200	18 300
Bentonit	11 400	14 200
Zink	8800	11 400
Talk	7700	8600
Baryt	6000	7100
Titanoxid	4900	5300
Flussspat	4300	5800
Blei	3100	3900
Nickel	1227	1412
Zirkon	1016	1320
Brom	544	520
Zinn	249	279
Molybdän	136	231
Antimon	118	179
Vanadium	62	58
Wolfram	30,6	62,3
Kobalt	34	59
Uran	34,8	50,7
Jod	18,9	29,2
Silber	18,2	22,2
Cadmium	19,4	20,1
Wismut	4,2	3,7
Gold	2,56	2,46
Quecksilber	1,4	1,7
Platin-Metalle	0,45	0,429
Diamanten	0,022	0,024

Quelle: British Geological Survey, World Mineral Production, Keyworth, Nottingham, UK

Tabelle 1-3. Abschätzung des spezifischen Energiebedarfs für die Erzeugung von Werkstoffen

Werkstoff	spezifischer Energiebedarf MJ/kg
Aluminium (Halbzeug)	
Primäraluminium (aus Bauxit)	160 … 240
Sekundäraluminium (auf Schrottbasis)	12 … 20
Kunststoffe (Granulat)	
Polyvinylchlorid	48
Polyethylen	68
Polystyrol	75
Stahl (Halbzeug)	
Oxygenstahl (auf Erzbasis)	16 … 27
Elektrostahl (auf Schrottbasis)	10 … 18

Werkstoffe und die Eigenschaften technischer Produkte

Wie ebenfalls aus dem Materialkreislauf, Bild 1-1, abgelesen werden kann, werden Werkstoffe durch Konstruktion und Fertigung in technische Produkte „transformiert", formelartig geschrieben:

$$\text{Werkstoff} \xrightarrow{\dfrac{\text{Konstruktion}}{\text{Fertigung}}} \text{technisches Produkt}$$

Informationsbezogen kann das heißen: Kenntnis der Beschaffenheit und des Verhaltens der Werkstoffe ist Voraussetzung einer erfolgreichen Konstruktion. Stoffbezogen: Die Verfügbarkeit und Verwendung von technologisch und funktionell geeigneten Stoffen ist Voraussetzung guter Produktionsqualität. Auch drückt die Formel die Tatsache aus, dass durch ingeniöse Konstruktion und Fertigung die Werkstoffeigenschaften in eine Fülle von Produkteigenschaften aufgefächert und übersetzt werden können.

Ein besonders für Erwerber und Benutzer wichtiges Merkmal technischer Produkte ist deren Qualität, sie ist eng mit den Merkmalen Zuverlässigkeit und Sicherheit verknüpft. *Qualität* ist die Beschaffenheit einer Betrachtungseinheit bezüglich ihrer Eignung, festgelegte und vorausgesetzte Erfordernisse und Funktionen zu erfüllen. *Zuverlässigkeit* ist die Eigenschaft, funktionstüchtig zu bleiben. Sie ist definiert als die Wahrscheinlichkeit, dass ein Werkstoff,

Bauteil oder System seine bestimmungsgemäße Funktion für eine bestimmte *Gebrauchsdauer* unter den gegebenen Funktions- und Beanspruchungsbedingungen ausfallfrei, d. h. ohne Versagen, erfüllt. *Sicherheit* ist die Wahrscheinlichkeit, dass von einer Betrachtungseinheit während einer bestimmten Zeitspanne keine Gefahr ausgeht, bzw. dass das Risiko – gekennzeichnet durch Schadenswahrscheinlichkeit und Schadensausmaß – unter einem vertretbaren Grenzrisiko bleibt.

Die Beurteilung der Qualität, Zuverlässigkeit und Sicherheit von Werkstoffen, Bauteilen oder Systemen geschieht mit den Mitteln der Materialprüfung, siehe Kap. 11. Dabei ist insbesondere auch festzustellen, inwieweit oder auf welche Weise die Ergebnisse von Werkstoffprüfungen auf Bauteile oder Systeme übertragen werden können.

Werkstoffe und die Umwelt

Bild 1-1 erinnert daran, dass Werkstoffe als Bestandteile technischer Produkte bei deren technischer Funktion in Wechselwirkung mit ihrer Umwelt stehen. Die Wechselwirkungen beschreibt man allgemein als den einen oder anderen von zwei komplementären Prozessen:

– *Immission*, die Einwirkung von Stoffen oder Strahlung auf einen Werkstoff, die z. B. zur Korrosion führen kann.

– *Emission*, der Austritt von Stoffen oder Strahlung (auch Schall). Eine Emission aus einem Werkstoff ist in der Regel gleichzeitig eine Immission in die Umwelt.

Auf Umweltbeanspruchung und Umweltsimulation wird in Kap. 8.4 näher eingegangen.

Zum Schutz der Umwelt – und damit des Menschen – bestehen gesetzliche Regelungen für den Emissions- und Immissionsschutz mit Verfahrensregelungen und Grenzwerten für schädliche Stoffe und Strahlungen. Hinsichtlich des Umweltschutzes sind an die Werkstoffe selbst hauptsächlich die folgenden Forderungen zu stellen:

– *Umweltverträglichkeit*, die Eigenschaft, bei ihrer technischen Funktion die Umwelt nicht zu beeinträchtigen (und andererseits von der jeweiligen Umwelt nicht beeinträchtigt zu werden).

Tabelle 1-4. Recyclingquoten von Werkstoffen bezogen auf den Verbrauch

Werkstoff	Recyclingquote %
Aluminium	35
Blei	59
Kupfer	54
Eisen	55
Zink	41

Quelle: BGR, Rohstoffwissenschaftliche Steckbriefe, 2006

- *Recyclierbarkeit* (siehe auch Kap. 7.2), die Möglichkeit der Rückgewinnung und Wiederaufbereitung nach dem bestimmungsgemäßen Gebrauch. Einen Eindruck von den gegenwärtig erzielbaren Recyclingquoten von Metallen in Deutschland gibt Tabelle 1-4.
- *Abfallbeseitigung*, die Möglichkeit der Entsorgung von Material, wenn ein Recycling nicht möglich ist [9].

Nach dem Vorbild der Stoffkreisläufe in der belebten Natur sind heute auch für die Materialien der Technik im Prinzip stets geschlossene Kreisläufe anzustreben und ggf. durch „Ökobilanzen" zu kennzeichnen. Auf die Wechselwirkungen von Material und Umwelt wird in Kap. 7 näher eingegangen.

1.3 Gliederung des Werkstoffgebietes

Für die fachliche Gliederung des Werkstoffgebietes gibt es mehrere Aspekte, die mit den Methoden der Systemtechnik kombiniert werden können. Werkstoffe sind bestimmungsgemäß Bestandteil von Gegenständen oder technischen Systemen. Jedes technische System ist durch die beiden Merkmale *Funktion* und *Struktur* gekennzeichnet, vgl. K 2. Entwicklung und Anwendung technischer Systeme erfordern neben der Kennzeichnung struktureller und funktioneller Eigenschaften Mess- und Prüftechniken zur Beurteilung des Systemverhaltens sowie Auswahl- und Gestaltungsmethoden für ihre Bauelemente.

Für das Werkstoffgebiet ist ein mehrdimensionales Gliederungsschema mit folgenden Schwerpunkten zweckmäßig:

a) *Aufbau der Werkstoffe*: Stoffliche Natur, unterschiedlich hinsichtlich chemischer Zusammensetzung, Bindungsart und Mikrostruktur.

b) *Beanspruchung*: Einflüsse, die auf Werkstoffe bei der Anwendung einwirken, deren Parameter und zeitlicher Verlauf.

c) *Eigenschaften*: Kenngrößen und Systemdaten, die das Verhalten von Werkstoffen gegenüber den verschiedenen Beanspruchungen und in ihren technisch-funktionellen Anwendungen beschreiben.

d) *Schädigungsmechanismen*: Veränderungen der Stoff- oder Formeigenschaften von Werkstoffen bzw. Bauteilen, die deren Funktion beeinträchtigen können.

e) *Materialprüfung*: Techniken und Methoden zur Untersuchung und Beurteilung von Materialien, Bauteilen und Konstruktionen.

f) *Materialauswahl*: Techniken und Methoden zur anwendungsbezogenen Auswahl von Materialien.

g) *Referenzmaterialien und Referenzverfahren* zur Qualitätssicherung des Materialverhaltens in technischen Anwendungen.

2 Aufbau der Werkstoffe

Der Aufbau eines Werkstoffs ist durch folgende Merkmale bestimmt:

a) Die chemische Natur seiner atomaren oder molekularen Bausteine.

b) Die Art der Bindungskräfte (Bindungsart) zwischen den Atomen bzw. Molekülen.

c) Die atomare Struktur, das ist die räumliche Anordnung der Atome bzw. Moleküle zu elementaren kristallinen, molekularen oder amorphen Strukturen, diese bilden bei kristallinen Stoffen *Elementarzellen*, die als eigentliche Grundbausteine des Stoffs angesehen werden können.

d) Die *Kristallite* oder *Körner*, das sind einheitlich aufgebaute Bereiche eines polykristallinen Stoffs, die durch sog. Korngrenzen voneinander getrennt sind.

e) Die *Phasen* der Werkstoffe, das sind Bereiche mit einheitlicher atomarer Struktur und chemischer Zusammensetzung, die durch Grenzflächen (Phasengrenzen) von ihrer Umgebung abgegrenzt sind.

f) Die *Gitterbaufehler*, das sind Abweichungen von der idealen Kristallstruktur:
   - Punktfehler: Fremdatome, Leerstellen, Zwischengitteratome, Frenkel-Defekte

– Linienfehler: Versetzungen
– Flächenfehler: Stapelfehler, Korngrenzen, Phasengrenzen

g) Die Mikrostruktur oder das *Gefüge*, das ist der mikroskopische Verbund der Kristallite, Phasen und Gitterbaufehler.

2.1 Aufbauprinzipien von Festkörpern

Alle Materie ist aus den im Periodensystem der Elemente zusammengefassten Atomen aufgebaut (siehe C 2 und C 4). Die Bindung zwischen je zwei Atomen eines Festkörpers resultiert aus elektrischen Wechselwirkungen zwischen den beiden Partnern, siehe Bild 2-1. Die Überlagerung der Abstoßungs- und Anziehungsenergien (oder Potenziale) führt zu einem Potenzialminimum, dessen Tiefe die Bindungsenergie U_B und dessen Lage den Gleichgewichtsabstand r_0 (Größenordnung 0,1 nm) angibt.

Die chemischen Bindungen zwischen den Elementarbausteinen fester Körper werden eingeteilt in (starke) Hauptvalenzbindungen (Ionenbindung, Atombindung, metallische Bindung) und (schwache) Nebenvalenzbindungen:

Ionenbindung (heteropolare Bindung): Jedes Kation gibt ein oder mehrere Valenzelektronen an ein oder mehrere Anionen ab. Bindung durch ungerichtete elektrostatische (Coulomb-)Kräfte zwischen den Ionen.

Atombindung (homöopolare oder kovalente Bindung): Gemeinsame (Valenz-)Elektronenpaare zwischen nächsten Nachbarn; gerichtete Bindung mit räumlicher Lokalisierung der bindenden Elektronenpaare.

Metallische Bindung: Gemeinsame Valenzelektronen aller beteiligten Atome (Elektronengas); ungerichtete Bindung zwischen dem Elektronengas und den positiv geladenen Atomrümpfen.

Van-der-Waals-Bindung: Interne Ladungspolarisation (Dipolbildung) benachbarter Atome oder Moleküle; schwache elektrostatische Dipoladsorptionsbindung.

Aus der Bindungsart und den Atomabständen (bzw. den Molekülformen) der Elementarbausteine ergeben sich die elementaren Kristallstrukturen fester Stoffe. Die atomaren Bestandteile von Kristallen sind wie die Knoten eines räumlichen Punktgitters (Raumgitters) angeordnet, das entsteht, wenn drei Scharen paralleler Ebenen (Netzebenen) sich kreuzend durchdringen. Das kleinste Raumelement, durch dessen wiederholte Verschiebung um die jeweilige Kantenlänge in jeder der drei Achsrichtungen man sich ein Raumgitter aufgebaut denken kann, wird als *Elementarzelle* bezeichnet. Die möglichen Raumgitter der Kristalle werden durch 7 Koordinatensysteme bzw. 14 Bravais-Gittertypen gekennzeichnet, siehe Bild 2-2.

Die Lage eines Atoms in der Elementarzelle eines Kristalls wird durch den Ortsvektor

$$r = xa + yb + zc \ (0 \leq x, y, z < 1)$$

beschrieben, wobei *a, b, c* die Einheitsvektoren auf den drei kristallographischen Achsen *a, b, c* eines Kristallgitters und *x, y, z* die Koordinaten des Atoms darstellen. Ein Gitterpunkt mit den Koordinaten *uvw* wird gefunden, indem vom Koordinatenursprung aus der Vektor *ua* in *a*-Richtung, *vb* in *b*-Richtung und *wc* in *c*-Richtung zurückgelegt wird. Mit der Verbindungsgeraden vom Koordinatenursprung zum Gitterpunkt *uvw* kann auch eine *Richtung* im Gitter beschrieben werden: [*uvw*]. Damit ist gleichzeitig auch eine *Fläche* charakterisiert, nämlich diejenige Fläche, deren Flächennormale die Richtung vom Koordinatenursprung zum Punkt *uvw* hat. Zur Bezeichnung einer Kristallfläche oder einer Schar von parallelen Gitterebenen dienen Miller'sche Indizes: die durch Multiplikation mit dem Hauptnenner

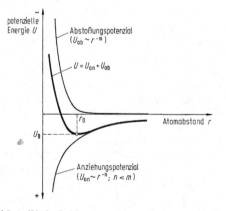

Bild 2-1. Wechselwirkungsenergien zwischen zwei isolierten Atomen (U_B Bindungsenergie; r_0 Gleichgewichtsabstand)

ganzzahlig gemachten reziproken Achsabschnitte der betreffenden Fläche. In Bild 2-3 ist die Koordinatenschreibweise am Beispiel eines kubischen Gitters illustriert.

Während ideale Kristalle durch eine regelmäßige Anordnung ihrer Elementarbausteine gekennzeichnet sind (Fernordnung), besteht bei *amorphen* Festkörpern nur eine strukturelle Nahordnung im Bereich der nächsten Nachbaratome. Sie ähneln Schmelzen und werden daher auch als *Gläser*, d. h. als unterkühlte, in den festen Zustand eingefrorene Flüssigkeiten bezeichnet.

Als *einphasige* Festkörper werden feste Stoffe mit einheitlicher chemischer Zusammensetzung und atomarer Struktur bezeichnet. Die unterschiedlichen Zustände mehrphasiger Festkörper werden – in Abhängigkeit von der chemischen Zusammensetzung und der Temperatur – durch *Zustandsdiagramme* beschrieben (s. 2.7).

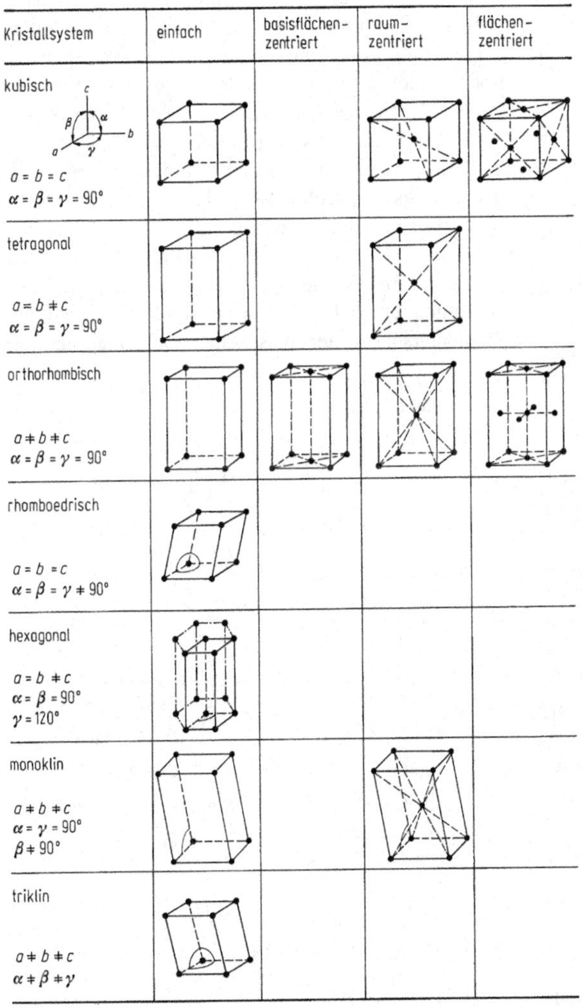

Kristallsystem	einfach	basisflächen-zentriert	raum-zentriert	flächen-zentriert
kubisch $a = b = c$ $\alpha = \beta = \gamma = 90°$				
tetragonal $a = b \neq c$ $\alpha = \beta = \gamma = 90°$				
orthorhombisch $a \neq b \neq c$ $\alpha = \beta = \gamma = 90°$				
rhomboedrisch $a = b = c$ $\alpha = \beta = \gamma \neq 90°$				
hexagonal $a = b \neq c$ $\alpha = \beta = 90°$ $\gamma = 120°$				
monoklin $a \neq b \neq c$ $\alpha = \gamma = 90°$ $\beta \neq 90°$				
triklin $a \neq b \neq c$ $\alpha \neq \beta \neq \gamma$				

Bild 2-2. Die 7 Kristallsysteme und die 14 Bravais-Gitter

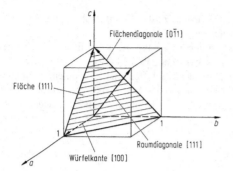

Bild 2–3. Indizierung von Richtungen und Ebenen in einem kubischen Gitter

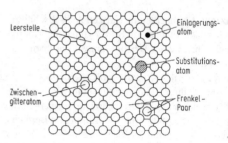

Bild 2–4. Nulldimensionale Gitterbaufehler (Punktfehler)

2.2 Mikrostruktur

Der mikrostrukturelle Aufbau technischer Werkstoffe unterscheidet sich von der idealer Festkörper durch Gitterbaufehler, die für die Werkstoffeigenschaften von grundlegender Bedeutung sind. Nach ihrer Geometrie ist folgende Klassifizierung üblich:

a) Nulldimensionale Gitterbaufehler (Punktfehler), siehe Bild 2-4:

Es werden neben der Substitution von Gitterbausteinen durch Fremdatome die folgenden Grundformen unterschieden:

– Leerstellen: Jeder Kristall enthält eine mit der Gittertemperatur zunehmende Anzahl von Leerstellen. Der Anteil der Leerstellen bezogen auf die Zahl der Gitterbausteine in einem fehlerfreien Kristall beträgt bei Raumtemperatur ca. 10^{-12}. Die Bildungsenergie für Leerstellen ist in Metallen etwa der Verdampfungsenthalpie proportional. Durch Punktfehler in Kristallen mit Ionenbindung entsteht im Gitter örtlich eine positive oder negative Polarisation.

– Zwischengitteratome: In zahlreichen Kristallgittern können, besonders kleine, Gitteratome, wie z. B. H, C, N, auf Zwischengitterplätze abwandern. Die Kombination einer Leerstelle mit einem entsprechenden Zwischengitteratom heißt Frenkel-Paar oder Frenkel-Defekt.

b) Eindimensionale Gitterbaufehler (Linienfehler), siehe Bild 2-5:

Eindimensionale Gitterbaufehler stellen eine linienförmige Störung des Gitters dar und werden als Versetzungen bezeichnet. Eine Versetzung lässt sich als Randlinie eines zusätzlich in das Gitter eingefügten (oder aus ihm herausgenommenen) Ebenenstückes A–B darstellen. Das Maß für die Größe der Verzerrung eines Kristallgitters durch eine Versetzung ist der Burgers-Vektor *b*. Bei einer *Stufenversetzung* liegen Burgers-Vektor und Versetzungslinie rechtwinklig, bei einer *Schraubenversetzung* parallel zueinander. Eine Versetzungslinie muss im Gitter stets in sich geschlossen sein oder an einer Grenzfläche oder Oberfläche enden. Versetzungen ermöglichen den energetisch günstigen Elementarschritt der plastischen Deformation, bei

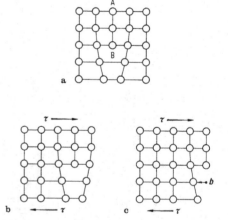

Bild 2–5. Eindimensionale Gitterbaufehler: **a** Stufenversetzung in einem kubischen Kristall, **b** Versetzungsbewegung (Abgleitung) unter Schubspannung, **c** Resultierende Gleitstufe; *b* Burgers-Vektor

dem durch eine Schubspannung τ ein Gitterblock gegenüber einem anderen stufenweise um den Betrag des Burgers-Vektors verschoben wird. Die Abgleitung erfolgt bei reinen Metallen längs bestimmter kristallographischer Ebenen (Gleitebenen) in definierten Gleitrichtungen. Das aus Gleitebene und Gleitrichtung bestehende Gleitsystem ist für Gittertyp und Bindungsart charakteristisch (siehe 9.2.3).

c) Zweidimensionale Gitterbaufehler (Flächenfehler):

Zweidimensionale Gitterbaufehler kennzeichnen diskontinuierliche Änderungen der Gitterorientierung oder der Gitterabstände. Man unterscheidet:

- Stapelfehler: Das sind Störungen der Stapelfolge von Gitterebenen. Sie erschweren die Versetzungsbewegung und beeinflussen die Verfestigung der Metalle bei plastischer Verformung.
- Korngrenzen: Grenzflächen zwischen Kristalliten gleicher Phase mit unterschiedlicher Gitterorientierung. Sie sind Übergangszonen mit gestörtem Gitteraufbau. Nach der Größe des Orientierungsunterschieds benachbarter Kristallite unterscheidet man Kleinwinkelkorngrenzen (aufgebaut aus flächig angeordneten Versetzungen) und Großwinkelkorngrenzen mit (amorphen) Grenzbereichen von etwa zwei bis drei Atomabständen.
- Phasengrenzen: Grenzflächen zwischen Gitterbereichen mit unterschiedlicher chemischer Zusammensetzung oder Gitterstruktur.

Als Gefüge eines Werkstoffs bezeichnet man den kennzeichnenden mikroskopischen Verbund der Kristallite (Körner), Phasen und Gitterbaufehler. Mittlerer Korndurchmesser (beeinflussbar durch Wärmebehandlung und Umformung): wenige μm bis mehrere cm. Ein- oder mehrphasige Polykristalle mit einem Kristallitdurchmesser zwischen 5 und 15 nm und etwa gleichen Atomanteilen in Kristalliten und Grenzflächen werden als *nanokristalline Materialien* bezeichnet. Sie können nach der herkömmlichen Terminologie weder den Kristallen (ferngeordnet) noch den Gläsern (nahgeordnet) zugerechnet werden.

2.3 Werkstoffoberflächen

Gegenüber dem Werkstoffinnern weisen Oberflächen folgende Unterschiede auf:

- Veränderte Mikrostruktur;
- Veränderung der Oberflächenzusammensetzung durch Einbau von Bestandteilen des Umgebungsmediums (Physisorption, Chemisorption, Oxidation, Deckfilmbildung);
- Änderung von Werkstoffeigenschaften.

Bei technischen Oberflächen ist außerdem noch der Einfluss der Fertigung zu beachten. Spanend bearbeitete und umgeformte Oberflächen zeigen in der Oberflächenzone folgende Veränderungen:

- Unterschiedliche Verfestigung durch plastische Verformungen,
- Aufbau von Eigenspannungen infolge Oberflächenverformung,
- Ausbildung von Texturinhomogenitäten zwischen Randzone und Werkstoffinnerem.

Der Schichtaufbau technischer Oberflächen ist in Bild 2-6 wiedergegeben [1]. Die innere Grenzschicht besteht aus einer an den Grundwerkstoff anschließenden Verformungs- oder Verfestigungszone. Die äußere Grenzschicht besitzt meist eine vom Grundwerkstoff abweichende Zusammensetzung und besteht aus Oxidschicht, Adsorptionsschicht und Verunreinigungen.

Die Mikrogeometrie von Oberflächen (Oberflächenrauheit) wird durch verschiedene „Rauheitskenngrößen" gekennzeichnet (siehe 11.3.2).

2.4 Werkstoffgruppen

Nach der dominierenden Bindungsart und der Mikrostruktur lassen sich die folgenden hauptsächlichen Werkstoffgruppen unterscheiden, siehe Bild 2-7.

Metalle

Die Atomrümpfe werden durch das Elektronengas zusammengehalten. Die freien Valenzelektronen des Elektronengases sind die Ursache für die hohe elektrische und thermische Leitfähigkeit sowie den Glanz der Metalle. Die metallische Bindung – als Wechselwirkung zwischen der Gesamtheit der Atomrümpfe und dem Elektronengas – wird durch eine Verschiebung der Atomrümpfe nicht wesentlich beeinflusst. Hierauf beruht die gute Verformbarkeit der Metalle. Die Metalle bilden die wichtigste Gruppe der

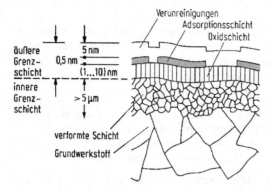

Bild 2–6. Werkstoffoberflächen-Schichtaufbau: schematische Darstellung des Querschnitts einer Metalloberfläche

Konstruktions- oder Strukturwerkstoffe, bei denen es vor allem auf die mechanischen Eigenschaften ankommt.

Halbleiter

Eine Übergangsstellung zwischen den Metallen und den anorganisch-nichtmetallischen Stoffen nehmen die Halbleiter ein. Ihre wichtigsten Vertreter sind die Elemente Silicium und Germanium mit kovalenter Bindung und Diamantstruktur sowie die ähnlich strukturierten sog. III-V-Verbindungen, wie z. B. Galliumarsenid (GaAs) und Indiumantimonid (InSb). In den am absoluten Nullpunkt nichtleitenden Halbleitern können durch thermische Energie oder durch Dotierung mit Fremdatomen einzelne Bindungselektronen freigesetzt werden und als Leitungselektronen zur elektrischen Leitfähigkeit beitragen. Halbleiter stellen wichtige Funktionswerkstoffe für die Elektronik dar.

Anorganisch-nichtmetallische Stoffe

Die Atome werden durch kovalente Bindung und Ionenbindung zusammengehalten. Aufgrund fehlender freier Valenzelektronen sind sie grundsätzlich schlechte Leiter für Elektrizität und Wärme. Da die Bindungsenergien erheblich höher sind als bei der metallischen Bindung, zeichnen sich anorganisch-nichtmetallische Stoffe, wie z. B. Keramik, durch hohe Härten und Schmelztemperaturen aus. Eine plastische Verformung wie bei Metallen ist analog nicht begründbar, da bereits bei der Verschiebung der atomaren Bestandteile um einen Gitterabstand theoretisch eine Kation-Anion-Bindung in eine Kation-Kation- oder Anion-Anion-Abstoßung umgewandelt oder eine gerichtete kovalente Bindung aufgebrochen werden muss.

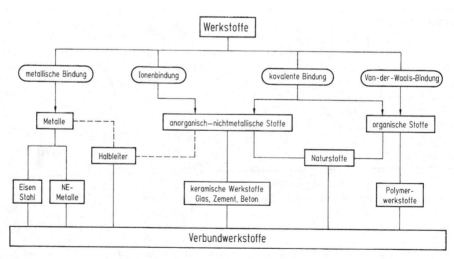

Bild 2–7. Klassifikation der Werkstoffgruppen

Organische Stoffe

Organische Stoffe, deren technisch wichtigste Vertreter die Polymerwerkstoffe sind, bestehen aus Makromolekülen, die im Allgemeinen Kohlenstoff in kovalenter Bindung mit sich selbst und einigen Elementen niedriger Ordnungszahl enthalten. Deren Kettenmoleküle sind untereinander durch (schwache) zwischenmolekulare Bindungen verknüpft, woraus niedrige Schmelztemperaturen resultieren (Thermoplaste). Sie können auch chemisch miteinander vernetzt sein und sind dann unlöslich und unschmelzbar (Elastomere, Duroplaste).

Naturstoffe

Bei den als Werkstoff verwendeten Naturstoffen wird unterschieden zwischen mineralischen Naturstoffen (z. B. Marmor, Granit, Sandstein; Glimmer, Saphir, Rubin, Diamant) und organischen Naturstoffen (z. B. Holz, Kautschuk, Naturfasern). Die Eigenschaften vieler mineralischer Naturstoffe, z. B. hohe Härte und gute chemische Beständigkeit, werden geprägt durch starke Hauptvalenzbindungen und stabile Kristallgitterstrukturen. Die organischen Naturstoffe weisen meist komplexe Strukturen mit richtungsabhängigen Eigenschaften auf.

Verbundwerkstoffe, Werkstoffverbunde

Verbundwerkstoffe werden mit dem Ziel, Struktur- oder Funktionswerkstoffe mit besonderen Eigenschaften zu erhalten, als Kombination mehrerer Phasen oder Werkstoffkomponenten in bestimmter geometrisch abgrenzbarer Form aufgebaut, z. B. in Form von Dispersionen oder Faserverbundwerkstoffen. Werkstoffverbunde vereinen unterschiedliche Werkstoffe mit verschiedenen Aufgaben, z. B. bei Email.

2.5 Mischkristalle und Phasengemische

Strukturwerkstoffe bestehen eigentlich nie aus nur einer Atomart, da reine Stoffe keine ausreichenden mechanischen Eigenschaften für technische Anwendungen aufweisen. Daher werden Atome einer anderen Art zugefügt (Legieren). Wenn es gelingt, diese in der festen Phase zu lösen, dann spricht man von Mischkristallen. In idealen Mischkristallen sind die zugefügten Atome stochastisch verteilt (Bild 2-8a). Die Fremdatome ersetzen entweder die Atome auf den Gitterplätzen oder sie nehmen Zwischengitterplätze ein (Bild 2-4).

Die Mischbarkeit von Kristallen ist gewöhnlich begrenzt, sie ist bei hoher Temperatur größer als bei niedriger Temperatur. Voraussetzung für eine vollständige Mischbarkeit von Kristallen ist die gleiche Kristallstruktur beider Komponenten. Unterscheiden sich die Gitterkonstanten oder Atomradien um mehr als 15%, so ist die Mischbarkeit meist begrenzt. Ein Sonderfall sind interstitielle Atome, die sehr klein sind und in Gitterlücken eingebaut werden. Ein bestimmtes Verhältnis der Atomradien darf dabei allerdings nicht überschritten werden. Chemische Voraussetzungen bestimmen ebenfalls die Löslichkeit, denn die äußeren Elektronen beider Atomarten treten in Wechselwirkung miteinander.

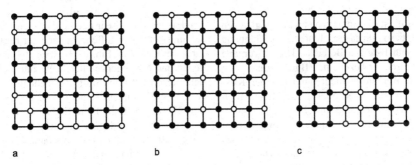

a   b   c

Bild 2-8. a Regellose Verteilung der Legierungsatome. **b** In einer Ordnungsstruktur nehmen beide Atomarten bestimmte Gitterplätze ein. **c** Entmischung beider Atomarten

Die Zusammensetzung der Mischphasen wird als Stoffmengengehalt x (in Atomprozent oder Molprozent) oder als Massegehalt c (in Gewichtsprozent) angegeben. Letzterer hat den Vorteil, dass er direkt mit der Einwaage der Elemente in Zusammenhang steht. Folgende Beziehungen erlauben die Umrechnung:

$$c_A = \frac{x_A \cdot A_A \cdot 100}{x_A \cdot A_A + x_B \cdot A_B} = \frac{m_A}{m_A + m_B} \cdot 100 \quad [\text{Gew.\%}]$$

$$(2\text{-}1)$$

$$x_A = \frac{\frac{c_A}{A_A} \cdot 100}{\frac{c_A}{A_A} + \frac{c_B}{A_B}} = \frac{n_A}{n_A + n_B} \cdot 100 \quad [\text{Atom.\%}] \quad (2\text{-}2)$$

Die Umrechnung von Massegehalt in Volumengehalt erfolgt mit:

$$V_A = \frac{100}{1 + \frac{c_B \rho_A}{c_A \rho_B}} = \frac{100}{1 + \frac{x_B A_B}{\rho_B} \frac{\rho_A}{x_A A_A}} \quad [\text{Vol.\%}] \quad (2\text{-}3)$$

A_A und A_B sind die Atomgewichte, m_A und m_B entsprechen der Masse und n_A und n_B der Anzahl der Atome. ϱ_A und ϱ_B sind die Dichten der Komponenten A und B. Für die Masse gilt $m_A = n_A A_A$ bzw. $m_B = n_B A_B$ und $x_A = n_A/(n_A + n_B)$. Es gilt immer, dass

$$\sum_{n=1}^{i} x_n = 100\% \quad (2\text{-}4)$$

ist. Die Anzahl der Elemente ist i. Häufig werden diese Gehalte nicht in Prozent, sondern in Bruchteile von 1 angegeben.

In realen Mischkristallen sind die gelösten Atome nicht immer stochastisch verteilt. Wenn sich die beiden Atomarten anziehen, besteht eine Neigung zur Bildung einer chemischen Verbindung. Ist die Anziehung sehr groß, so bilden sich Ordnungsstrukturen (Bild 2-8b). Ist die Anziehung zwischen gleichen Nachbarn groß, so gibt es eine Tendenz zur Trennung in A-reiche und B-reiche Bereiche. Dieser Vorgang wird als Entmischung bezeichnet (Bild 2-8c).

Oftmals sind Werkstoffe nicht nur aus einer Kristallart, sondern aus zwei oder mehr Kristallarten zusammengesetzt. Bereiche mit konstanter Atomstruktur und chemischer Zusammensetzung werden als Phase bezeichnet. Die Grenze zwischen zwei Phasen wird als Phasengrenze bezeichnet. Diese kann zwischen zwei verschiedenen Kristallarten verlaufen, aber auch zwischen einem Glas und einem Kristall

(z. B. in Keramiken und Kunststoffen). Technische Werkstoffe bestehen vornehmlich aus Phasengemischen. Beispiele dafür sind Stahl, aushärtbare Aluminiumlegierungen, Verbundwerkstoffe.

2.6 Gleichgewichte

Analog zum mechanischen Gleichgewicht wird auch in der Thermodynamik nach labilen, metastabilen und stabilen Gleichgewichten unterschieden. Im stabilen Gleichgewicht weist die Energie ein Minimum auf, während im metastabilen Gleichgewicht die Energie nach Aktivierung noch weiter erniedrigt werden kann. Im labilen Gleichgewicht genügen hingegen kleinste Schwankungen zur Erniedrigung der Energie. Das thermodynamische Gleichgewicht umfasst das mechanische, thermische (kein Temperaturgradient) und chemische (keine chemische Reaktion) Gleichgewicht. Befindet sich ein Stoff im thermodynamischen Gleichgewicht, so ändert sich sein Druck, seine Temperatur, sein Volumen und seine Zusammensetzung mit der Zeit nicht mehr. In diesem Zustand weist die Freie Energie bzw. die Freie Enthalpie ihr Minimum auf.

Häufig sind Werkstoffe im Zustand ihrer Anwendung nicht im thermodynamischen Gleichgewicht. Dies hat zur Folge, dass sie während ihres Einsatzes eine Tendenz zeigen, ihren Zustand z. B. durch Kristallisation oder Entmischung oder Bildung einer chemischen Verbindung zu ändern, wenn man ihnen Gelegenheit dazu gibt. Dies ist in der Regel mit einer Änderung ihrer Eigenschaften (Festigkeit, Härte) verbunden. Mischphasen und Phasengemische, die sich im Gleichgewicht befinden, bleiben jedoch unverändert. Folglich sind Kenntnisse über Gleichgewichte und Ungleichgewichte sehr nützlich, sowohl für die Herstellung von Werkstoffen, als auch zur Einschätzung ihres Verhaltens im Einsatz. Es wird zwischen homogenen und heterogenen Gleichgewichten unterschieden. Letzere betreffen Stoffe mit mehr als einer Phase. Jedem Stoff kann in seinem vorliegenden Zustand eine charakteristische Freie Enthalpie $G = H - TS$ zugeschrieben werden. H bezeichnet die Enthalpie, S die Entropie und T die Temperatur. Die Änderung der Freien Enthalpie $dG = dH - TdS$, die eine Zustandsänderung begleitet, stellt die treibende Kraft für diesen Prozess dar. Alle spontan ablaufenden

Zustandsänderungen müssen mit einer Erniedrigung der gesamten Freien Enthalpie des Systems verbunden sein, d. h. ΔG muss negativ sein. Im Gleichgewichtszustand, in dem keine treibende Kraft für eine Zustandsänderungen vorhanden ist, muss folglich $\Delta G = 0$ gelten. Jede Phase in einem System, ob stabil oder instabil, besitzt ihre Funktion $G(T)$. Dies sei am Beispiel der technisch bedeutenden Umwandlung des (reinen) Eisens verdeutlicht (Bild 2-9a). Bei tiefer Temperatur ist das krz α-Eisen stabil, oberhalb von 911 °C ($= T_{\alpha\gamma}$) jedoch das kfz γ-Eisen. Bei 1392 °C ($= T_{\gamma\delta}$) tritt eine weitere Umwandlung in das ebenfalls krz δ-Eisen ein und bei 1536 °C ($= T_{\delta L}$) beginnt das Eisen zu schmelzen. Die $\gamma \to \alpha$ Umwandlung tritt bei $T < 911$ °C ein, da dann $G_\alpha < G_\gamma$ und daher eine treibende Kraft für die Umwandlung vorhanden ist (Bild 2-9b). Diese Umwandlung ist entscheidende Voraussetzung für die Stahlhärtung (siehe 3.3).

Ähnliche Überlegungen können für Mehrstoffsysteme angestellt werden. Für die Betrachtung eines Zweistoffsystems wird ein zweidimensionales Temperatur-Konzentrations-Diagramm benötigt. Bild 2-10a zeigt einen Mischkristall γ, der sich bei tiefen Temperaturen in einen α-Kristall (reich an A) und einen β-Kristall (reich an B) entmischt: das System weist eine Mischungslücke auf. Die isothermen $G(x)$-Kurven sind ebenfalls in Bild 2-10 für 3 verschiedene Temperaturen T_1 bis T_3 gezeigt. Die Konzentration der Phasen, die sich bei einer bestimmten Temperatur im Gleichgewicht befinden, wird durch die gemeinsame Tangente an die $G(x)$-Kurve ermittelt.

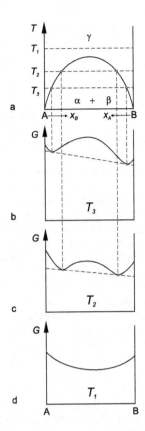

Bild 2-10. a Zustandsdiagramm eines Zweistoffsystems mit Mischungslücke. Der Mischkristall γ entmischt sich in α- und β-Kristalle. Der stabile Zustand ist der mit der niedrigsten Freien Enthalpie: b bei T_3 und c T_2: Phasengemische aus α- und β-Kristallen mit bestimmten Zusammensetzungen. d Bei T_1 ist die Mischphase γ stabil

2.7 Zustandsdiagramme

Phasendiagramme erweisen sich bei der Interpretation metallischer oder keramischer Gefüge als sehr nützlich. Sie zeigen auf, welche Phasen vermutlich vorliegen und geben Daten zu ihrer chemischen Zusammensetzungen. Leider geben Phasendiagramme keine Hinweise darauf, in welcher Form und Verteilung die Phasen vorliegen, ob sie sich z. B. lamellar, globular oder intergranular ausbilden. Dies ist aber für die mechanischen Eigenschaften entscheidend. Eine weitere Einschränkung besteht darin, dass Zustands-

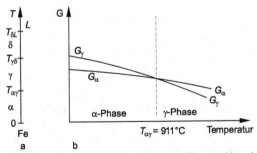

Bild 2-9. a Zustandsdiagramm des reinen Eisens mit zwei Phasenumwandlungen ($\alpha \to \gamma$ und $\gamma \to \delta$) im festen Zustand. b Freies Enthalpie-Temperatur-Diagramm für Eisen mit $\gamma \to \alpha$-Umwandlung bei 911 °C und $G_\gamma = G_\alpha$

diagramme lediglich Gleichgewichtszustände repräsentieren, die sich nur bei langsamer Abkühlung bzw. Aufheizung einstellen. Abschrecken, also schnelles Abkühlen, wie es z. B. für die Härtung von Stählen erforderlich ist, erzeugt metastabile Zustände, die in Zustandsdiagrammen nicht dargestellt werden. Auch in diesem Fall gibt aber das Zustandsdiagramm darüber Auskunft, welchen Zustand ein Stoff im Gleichgewicht anstrebt.

Zustandsdiagramme geben z. B. an, bei welcher Zusammensetzung die höchste oder geringste Schmelztemperatur vorliegt; die Anzahl von Phasen und deren Volumenanteile bei einer bestimmten Zusammensetzung; die günstigste Zusammensetzung einer ausscheidungshärtbaren Legierung; die Temperatur, bis zu der aufgeheizt werden darf, ohne dass eine Umwandlung in eine andere Kristallstruktur oder Auflösung oder Entmischung eintritt.

Die Gibbs'sche Phasenregel gibt den Zusammenhang zwischen der Anzahl der Phasen P eines Systems mit K Komponenten und dem äußeren Druck sowie Temperatur und der chemischen Zusammensetzung an. Die Freiheitsgrade F des Systems ergeben sich zu:

$$F = K - P + 2 \qquad (2\text{-}5)$$

In der Praxis ist der Druck meist konstant, sodass sich die Zahl der Freiheitsgrade um 1 reduziert:

$$F = K - P + 1 \qquad (2\text{-}6)$$

Wenden wir dies auf das System mit der Mischungslücke (Bild 2-10) an, so erhalten wir $K = 2$ (Komponenten A und B), $P = 1$ im Gebiet des homogenen Mischkristalls γ, $P = 2$ im heterogenen Gebiet ($\alpha + \beta$). Somit ergibt sich $F = 2$ im homogenen und $F = 1$ im heterogenen Gebiet. Dies bedeutet, dass im homogenen Gebiet die Freiheitsgrade Temperatur und Konzentration geändert werden können, ohne dass eine Zustandsänderung eintritt. Im Zweiphasengebiet ($\alpha + \beta$) existiert jedoch nur ein Freiheitsgrad, d. h. bei Temperaturänderung ändert sich notwendigerweise auch die Zusammensetzung und umgekehrt.

Es gibt vielfältige Ausbildungen von Zustandsdiagrammen. Im Folgenden werden einige wichtige binäre Grundtypen vorgestellt. Kompliziertere Systeme setzen sich aus diesen zusammen (Bild 2-11).

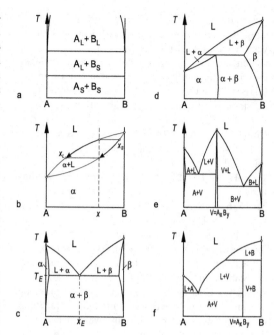

Bild 2-11. Grundtypen einiger wichtiger binärer Zustandsdiagramme. **a** Nahezu vollständige Unmischbarkeit im flüssigen (L) und festen (S) Zustand. Beispiel: Fe-Mg, Fe-Pb. **b** Vollständige Mischbarkeit im flüssigen und festen Zustand. x_L = Konzentration der Schmelze, x_S = Konzentration des Kristalls beim Erstarren. Beispiel: Cu-Au. **c** Eutektisches System mit vollständiger Mischbarkeit im flüssigen und begrenzter Mischbarkeit im festen Zustand. Beispiel: Al-Si. **d** Peritektisches System vollständiger Mischbarkeit im flüssigen und begrenzter Mischbarkeit im festen Zustand. Niedrig schmelzende Komponente A und hoch schmelzende Komponente B. Beispiel: Cu-Zn (Messing). **e** Verbindung V bildet mit den Elementen A und B eutektische Teilsysteme. **f** Verbindung V mit stöchiometrischer Zusammensetzung A_xB_y, zersetzt sich beim Schmelzen in L + B

▶ (Fast) völlige Unmischbarkeit der Komponenten A und B im flüssigen und festen Zustand (Bild 2-11a): Es gibt im Diagramm lediglich horizontale Linien bei den Schmelz- und Siedetemperaturen. Mischbarkeit liegt erst im Gaszustand vor. Stoffe, die nicht miteinander reagieren dürfen, sollten dieses Zustandsdiagramm besitzen. Beispiel: Schmelzen von Blei in Eisentiegeln.

▸ Völlige Mischbarkeit im festen und flüssigen Zustand (Bild 2-11b): Die jeweiligen reinen Komponenten A und B besitzen einen Schmelzpunkt, die Gemische jedoch ein Schmelzintervall. Beim Abkühlen einer Schmelze mit der Konzentration x bildet sich zuerst ein Kristall der Zusammensetzung x_S. Bei weiterer Abkühlung ändert sich diese bis zu x. Parallel dazu ändert sich die Zusammensetzung der Schmelze von x nach x_L. Beispiele für Mischkristallsysteme sind Al-Mg-Legierungen und α-Messing.

▸ Vollständige Mischbarkeit im flüssigen Zustand bei begrenzter Mischbarkeit im festen Zustand: Die Komponenten A und B weisen ähnliche Schmelztemperatur auf. Zumischen von B in A (sowie A in B) erniedrigt den Schmelzpunkt (Bild 2-11c). Der Schnittpunkt der beiden Löslichkeitslinien flüssig → kristallin ist der eutektische Punkt. Bei dieser Temperatur sind drei Phasen im Gleichgewicht, nämlich die Mischkristalle α und β sowie die Schmelze. Beim Abkühlen einer Schmelze mit Zusammensetzung x_E tritt bei T_E die Reaktion L → $\alpha + \beta$ ein, wobei sich α und β gleichzeitig bilden. Gusslegierungen sind häufig eutektische Systeme, da ihre Schmelztemperatur niedrig und die Gefügeausbildung fein ist. Beispiele sind Al-Si-Gusslegierungen sowie Gusseisen, aber auch Lote. Sind die Schmelztemperaturen der beiden Komponenten sehr verschieden, so kann sich ein Dreiphasengleichgewicht einstellen, das als peritektisches System bezeichnet wird (Bild 2-11d). Beim Abkühlen aus der Schmelze entsteht zuerst ein Mischkristall entsprechend dem Zweiphasengleichgewicht L + β. Bei T_P tritt die Reaktion L + β = α ein, bei der α-Mischkristalle gebildet werden. Beispiele dafür sind Mischkristalle in Messing- und Bronzelegierungen.

▸ Bildung einer Verbindung: Die Komponenten A und B reagieren miteinander und bilden eine neue Phase V mit der Zusammensetzung A_xB_y (Bild 2-11e). Diese hat eine andere Kristallstruktur als die Komponenten A und B. Manchmal besitzt die Verbindung ein definiertes stöchiometrisches Verhältnis von A und B und erscheint als vertikale Linie im Diagramm (Bild 2-11f).

Häufig existiert sie aber über einen gewissen Bereich der Zusammensetzung, sodass der Begriff Verbindung dann nicht ganz korrekt ist. Der Schmelzpunkt der Phase V kann höher oder niedriger sein als der der Komponenten. Dies gibt erste Hinweise auf die Stabilität der Verbindung. Weist die Verbindung nur eine geringe Mischbarkeit mit A und B auf, so ergibt sich ein einfaches Zustandsdiagramm, das sich auf A + A_xB_y sowie A_xB_y + B zurückführen lässt. Ein Beispiel für ein solches Zustandsdiagramm findet sich im System Mg-Si mit der Verbindung Mg_2Si. Häufig sind Verbindungen hart und spröde und weisen eine komplexe Kristallstruktur auf (z. B. Fe_3C, Al_2Cu)

Systeme mit drei und mehr Komponenten können ebenfalls dargestellt werden. Dies erfordert jedoch eine räumliche Darstellung, auf die hier nicht weiter eingegangen werden soll. Zusammenfassende Darstellungen binärer und ternärer Zustandsdiagramme lassen sich in der Literatur z. B. in [4] finden.

Abschließend bleibt die Frage zu beantworten, wie die sich bildenden Mengenanteile für eine bestimmte Zusammensetzung ermittelt werden kann. Hierzu wendet man die Hebelregel an, was im Folgenden mit Bild 2-12 erläutert werden soll. Man denke sich bei einer bestimmten Temperatur im Zweiphasengebiet einen zweiarmigen Hebel mit Drehpunkt bei c und den Gewichten m_L (Schmelze) und m_S (Kristall). Dann ergeben sich die Mengenanteile zu:

$$m_L \cdot (c - c_L) = m_S \cdot (c_S - c) \qquad (2\text{-}7)$$

Anschaulich ausgedrückt: kurzer Hebelarm in Richtung A bedeutet viel Schmelze, langer Hebelarm in Richtung B bedeutet wenig Kristall. Die Hebelregel kann immer im Zweiphasengebiet angewendet werden, also auch um z. B. die Menge an α- und β-Mischkristall im Gebiet ($\alpha + \beta$) zu bestimmen (vgl. Bild 2-11).

2.8 Diffusionsprozesse

Diffusionsvorgänge sind in der Werkstofftechnik von großer Bedeutung, denn sie kontrollieren z. B. die Wärmebehandlung, Phasenumwandlungen, Hochtemperaturkorrosionsprozesse, Erholung und Rekristallisation und die Hochtemperaturverformung.

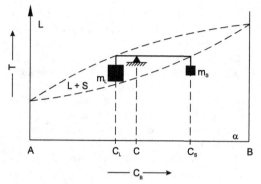

Bild 2-12. Bestimmung der Mengenanteile von Schmelze und Mischkristall aus dem Zustandsdiagramm mit Hilfe der Hebelregel

Der Begriff Diffusion beschreibt thermisch aktivierte Stofftransportvorgänge, die mit der Wanderung einzelner Atome verbunden ist. Diffusion kann in Gasen, Flüssigkeiten und Festkörpern stattfinden. Im Folgenden wird die Diffusion in Festkörpern beschrieben. Dafür gibt es verschiedene Mechanismen. Zwischengitteratome besitzen eine geringe Löslichkeit, daher stehen ihnen meistens alle benachbarten Zwischengitterplätze frei. Die Diffusion von Zwischengitteratomen tritt häufig in Legierungen auf, die H, C oder N enthalten, z. B. Diffusion von Kohlenstoff im Stahl. Gitteratome (Selbstdiffusion) und Substitutionsatome (Fremddiffusion) benötigen für Platzwechsel Leerstellen, deren Konzentration ist erheblich geringer. Daher hängen diese Prozesse von der Leerstellenkonzentration und deren Temperaturabhängigkeit ab. Leerstellen liegen immer auch im Gleichgewicht vor, im Ungleichgewicht (z. B. nach Abschrecken von hoher Temperatur, nach plastischer Verformung) ist ihre Konzentration höher als im Gleichgewicht. Diffusionsprozesse machen sich bemerkbar bei Temperaturen, die etwa 0,3 bis 0,5 mal der Schmelztemperatur in Kelvin entsprechen.

Liegen verschiedene Atomarten vor und ist im Mischkristall oder in Phasengemischen ein Konzentrationsunterschied vorhanden, so streben Diffusionsvorgänge zur Einstellung der Gleichgewichtskonzentration. Dies wird durch das 1. Fick'sche Gesetz beschrieben:

$$j = -D \left(\frac{c_1 - c_2}{x_1 - x_2} \right) = -D \left(\frac{\Delta c}{\Delta x} \right) = -D \, \frac{\partial c}{\partial x} \qquad (2\text{-}8)$$

Über eine Entfernung Δx im Gitter besteht ein (negativer) Konzentrationsgradient $\partial c/\partial x$, sodass sich aufgrund der Diffusion ein (positiver) Stofftransportstrom j einstellt. j beschreibt die transportierte Masse pro Flächen- und Zeiteinheit und ist dem Konzentrationsgradienten $\partial c/\partial x$ proportional. Das 2. Fick'sche Gesetz beschreibt die zeitlichen Konzentrationsänderungen:

$$\frac{\partial c}{\partial t} = -\frac{\mathrm{d}j}{\mathrm{d}x} = D \, \frac{\partial^2 c}{\partial x^2} \qquad (2\text{-}9)$$

Die expliziten Lösungsformen des 2. Fick'schen Gesetzes hängen von den Anfangsbedingungen des jeweils betrachteten Diffusionsproblems ab und haben die Form $c(x,t)$. Der Diffusionskoeffizient D ist ein Maß für die Beweglichkeit der diffundierenden Atome und wird durch den folgenden Zusammenhang beschrieben:

$$D = D_0 \cdot \exp\left(-\frac{Q_\mathrm{D}}{RT}\right) \qquad (2\text{-}10)$$

Q_D ist die Aktivierungsenergie für Diffusion und wird durch die Bildungs- und Wanderungsenergie der Leerstellen bestimmt. Die Temperaturabhängigkeit des Diffusionskoeffizienten ist in Bild 2-13 als Arrhenius-Diagramm dargestellt. Häufig genügt die Näherungsformel

$$\bar{x} = 2 \sqrt{Dt}, \qquad (2\text{-}11)$$

um den mittleren Weg $\bar{x}$ anzugeben, den ein Atom mit einem Diffusionskoeffizienten $D(T)$ bei einer Temperatur T nach einer Zeit t zurückgelegt hat. Dies ermöglicht z. B. die Abschätzung, welche Zeit für den Konzentrationsausgleich einer Probe mit Konzentrationsunterschieden bei einer Glühung bei einer konstanten Temperatur erforderlich ist.

Die vorangegangenen Beschreibungen (Volumendiffusion) setzten voraus, dass abgesehen von den Leerstellen keine Gitterbaufehler vorliegen. Im realen Gitter sind aber Versetzungen, Korngrenzen und freie Oberflächen vorhanden, die die Diffusion beeinflussen, denn sie sind Pfade bevorzugter Diffusion (Versetzungsdiffusion, Korngrenzendiffusion). In der Umgebung dieser Defekte können sich die Atome einfacher bewegen und die Platzwechselhäufigkeit ist daher höher. Beispiele für die Folge dieser Prozesse sind das bevorzugte Wachstum von Ausscheidungen entlang von Versetzungen und Korngrenzen oder

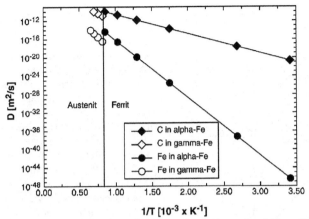

Bild 2-13. Temperaturabhängigkeit des Diffusionskoeffizienten D für Kohlenstoff und Eisen (Selbstdiffusion) im Ferrit- und Austenitkristallgitter (unter Verwendung von Daten aus [5])

auch das Diffusionskriechen bei tieferen Temperaturen. Bei tiefen Temperaturen ist Diffusion über Gitterfehler sehr viel größer als die Volumendiffusion, während bei hoher Temperatur die Volumendiffusion schneller abläuft als über Gitterfehler.

2.9 Keimbildung von Phasenumwandlungen

Die Keimbildung als Startvorgang von Phasenumwandlungen ist für verschiedene Prozesse in der Werkstofftechnik von Bedeutung. Beispiele sind die Erstarrung beim Gießen (Übergang flüssig-fest) oder das Vergüten von Stahl (Übergang fest-fest). Keimbildung im flüssigen und festen Zustand kann analog behandelt werden. Bei der Keimbildung im flüssigen Zustand entfällt der Term für die Verzerrungsenergie. Im Folgenden wird die Keimbildung im festen Zustand beschrieben.

Unter der Annahme, dass sich Ausscheidungen (= Keime) im festen Zustand durch homogene Keimbildung bilden, kann die folgende Energiebilanz aufgestellt werden:

$$\Delta G = V \Delta g_V + A \gamma + V \Delta g_s \qquad (2\text{-}12)$$

Δg_V ist der Gewinn an Freier Enthalpie pro Volumen gebildeter Ausscheidung (also ist Δg_V negativ), γ die aufzubringende Grenzflächenenergie durch die neu zu bildende Oberfläche der Ausscheidung und Δg_s die aufzubringende Verzerrungsenergie, da das Teilchen

aufgrund der Volumendifferenz nicht ganz genau in das Matrixgitter passt. Unter der Annahme kugelförmiger Keime ergibt sich:

$$\Delta G = \frac{4}{3} \pi r^3 \left(\Delta g_V + \Delta g_s \right) + 4 \pi r^2 \gamma \qquad (2\text{-}13)$$

Die in (2-13) auftretenden Terme sind schematisch in Bild 2-14 dargestellt. Durch die Umwandlung wird Energie gewonnen. Die frei werdende Freie Enthalpie ist proportional r^3. Die Kurve für ΔG hat ein Maximum bei ΔG^* und r^*. Nach Nullsetzen der ersten Ableitung von (2-13) erhält man den kritischen Teilchenradius:

$$r^* = -\frac{2 \gamma}{\left(\Delta g_V + \Delta g_s \right)} \qquad (2\text{-}14)$$

Ist der Radius des Teilchens größer als r^*, so kann es wachsen. Wird diese Beziehung in (2-13) eingesetzt, so erhält man:

$$\Delta G^* = \frac{16 \pi \gamma^3}{3 \left(\Delta g_V + \Delta g_s \right)^2} \qquad (2\text{-}15)$$

Die Keimbildungsrate N ist die Anzahl der Keime, die pro Zeit- und Volumeneinheit überkritisch werden. Sie ist proportional zur Oberfläche des Keims und zur Platzwechselhäufigkeit an der Oberfläche.

$$N = C \exp\left(-\frac{Q}{kT}\right) \exp\left(-\frac{\Delta G^*}{k} T\right) \qquad (2\text{-}16)$$

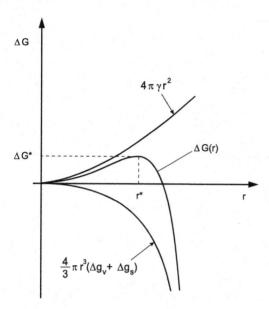

Bild 2-14. Schematische Darstellung der Energiebilanz für homogene Ausscheidung im festen Zustand

Dabei ist C die Anzahl der Keimbildungsorte pro Volumen, Q die Aktivierungsenergie für Diffusion, k die Bolzmann-Konstante und T die absolute Temperatur. Ausscheidungen werden nach der Natur ihrer Grenzfläche unterschieden: kohärent ohne Verzerrung, kohärent mit Verzerrung, teilkohärent und inkohärent. Kohärente Ausscheidungen haben eine geringe Grenzflächenenergie (0–200 mJ m^{-2}), aber die Verzerrung kann groß sein. Teilkohärente Ausscheidungen haben eine höhere Grenzflächenenergie (200–500 mJ m^{-2}). Inkohärente Ausscheidungen besitzen die höchste Grenzflächenenergie (500–1000 mJ m^{-2}) aber keine Kohärenzspannungen.
Bei der heterogenen Keimbildung wirken Gitterdefekte als bevorzugte Keimbildungsorte, zum Beispiel (mit steigender Wirksamkeit):

▶ homogene Orte
▶ Leerstellen
▶ Versetzungen
▶ Korngrenzen und Phasengrenzen
▶ freie Oberflächen.

2.10 Metastabile Zustände

In 2.6 wurde das thermodynamische Gleichgewicht als Zustand niedrigster Freier Enthalpie definiert. Häufig begegnen uns allerdings Zustände, die diese Voraussetzung nicht erfüllen und trotzdem für relativ lange Zeit stabil sind. Strukturwerkstoffe wie z. B. gehärteter Stahl, ausscheidungsgehärtete Aluminiumlegierungen oder Kunststoffe befinden sich während ihres Einsatzes im metastabilen Gleichgewicht. Diese Zustände treten auf, wenn die Keimbildung einer stabileren Phase aufgrund der dafür erforderlichen Aktivierungsenergie (z. B. aufgrund von hoher Grenzflächen- und Verzerrungsenergie) weniger wahrscheinlich ist. Dies ist z. B. in dem technisch wichtigen Kohlenstoffstahl der Fall. Eisen bildet ein stabiles Gleichgewicht mit Graphit. Das Carbid Fe$_3$C ist weniger stabil, trotzdem bildet sich fast ausschließlich Carbid im Stahl, der auch nach langer Zeit nicht in Graphit umwandelt. Es gibt also im Zustandsdiagramm Fe-C ein stabiles System Eisen-Graphit und ein metastabiles System Fe-Fe$_3$C, die häufig gemeinsam dargestellt werden. Die Gleichgewichtskonzentrationen und -temperaturen sind darin etwas verschieden.
Die Ausscheidungshärtbarkeit von Aluminiumlegierungen (2.12) basiert ebenfalls auf der Bildung verschiedener metastabiler Phasen. Sie treten in der Reihenfolge zunehmender Aktivierungsenergie auf.
Die Struktur stark verformte Metalle ist ebenfalls metastabil und kann durch Erholung und Rekristallisation (siehe 2.11) in einen Zustand geringerer Energie gelangen.
Die Tatsache, dass sich nahezu kein Strukturwerkstoff im thermodynamischen Gleichgewicht befindet, hat Folgen für die Stabilität von Gefügen, da diese sich mehr oder weniger stark mit den entsprechenden Konsequenzen für die Eigenschaften während des Einsatzes von Werkstoffen ändern kann. Dies wird von Martin, Doherty und Cantor [6] ausführlich behandelt.

2.11 Erholung und Rekristallisation

Erholungsprozesse erfordern thermisch aktivierte Prozesse, also Platzwechsel im Gitter bei Temperaturen, die dieses ermöglichen. Die Erholung plastisch verformter und verfestigter Kristalle besteht aus der

Umordnung von Versetzungen durch Annihilation (Auslöschung von Versetzungen mit gegensätzlichem Vorzeichen, wenn diese auf verschiedenen Gleitebenen aufeinander zuklettern) oder durch Bildung von Kleinwinkelkorngrenzen, eine Anordnung, die niedrigere Energie besitzt als die homogene Verteilung von Versetzungen (Bild 2-15). Die Versetzungsdichte wird dabei nur teilweise abgebaut. Bei Wechselwirkung der Versetzungen mit Leerstellen können die Versetzungen klettern, wobei die Leerstellen in den Bereich der Druckspannungen der Versetzung diffundiert und sich dort anlagert. Dadurch wandert ein Atom von der Versetzung fort und die Versetzungslinie wird normal zum Burgers-Vektor verschoben. Ein erholtes Gefüge ist durch ein Subkorngefüge mit Kleinwinkelkorngrenzen gekennzeichnet. Während des Erholungsprozesses nehmen innere Spannungen und die Streckgrenze ab. Während der Erholung bewegen sich die Korngrenzen nicht.
Bei Temperaturen oberhalb von 0,5 mal der Schmelztemperatur (in Kelvin) tritt in stark verformten Metallen Rekristallisation ein. Dieser Begriff umfasst alle Prozesse, die mit Neubildung und Wachstum von weitgehend versetzungsfreien Körnern verbunden sind (Bild 2-15). Treibende Kraft dafür ist die gesamte Versetzungsenergie, die in den durch die Verformung eingebrachten Versetzungen steckt. Die Neubildung kann durch Keimbildung und -wachstum

bestimmt sein (diskontinuierliche Rekristallisation) oder durch Vergröberung der Subkörner des Erholungsgefüges, verbunden mit einer Zunahme des Orientierungsunterschieds (kontinuierliche Rekristallisation). Der auftretende Mechanismus hängt u. a. vom Werkstoff, von der Verformung, vom Temperatur-Zeit-Verlauf der Wärmebehandlung ab. Nach der Rekristallisation weist der Werkstoff Eigenschaften (Streckgrenze, Bruchdehnung, Härte) auf, wie sie auch für den unverformten Zustand vorliegen. Einen guten und umfassenden Überblick über dieses Gebiet geben Humphreys und Hatherly [7].

2.12 Ausscheidungs- und Umwandlungsprozesse

Voraussetzung für die Ausscheidungshärtung ist eine mit sinkender Temperatur abnehmende Löslichkeit im Mischkristall, wie es schematisch in Bild 2-16a gezeigt ist. Ein wichtiges Beispiel dafür ist das System Aluminium-Kupfer, an dem die Aushärtbarkeit von Aluminiumlegierungen von Alfred Wilm 1906 entdeckt wurde. Zur Ausscheidungshärtung von Legierungen müssen folgende Schritte eingeleitet werden (Bild 2-16b):

► Lösungsglühen zur Auflösung löslicher Phasen und Maximierung der Gehalte gelöster Atome und Leerstellen
► Abschrecken zur Erhaltung der Übersättigung gelöster Atome und Leerstellen
► Kaltauslagerung (bei Raumtemperatur) oder
► Warmauslagerung (bei erhöhter Temperatur).

Nach dem Abschrecken wird die Übersättigung abgebaut durch:

► homogene Keimbildung (ohne Hilfe von bereits existierenden Keimbildungsorten),
► heterogene Keimbildung (Keimbildung an Heterogenitäten wie Versetzungen, Korngrenzen) oder
► spinodale Entmischung (keine Barriere für den Entmischungsprozess).

Die Keimbildung im festen Zustand basiert auf den gleichen Einflussgrößen wie bei der Erstarrung.
Die Stadien während des Ausscheidungsprozesses (beim Kalt- oder Warmauslagern) sind in der Regel

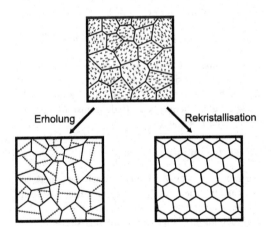

Erholung / Rekristallisation

Bild 2-15. Schematische Darstellung von Erholungs- und Rekristallisationsprozessen

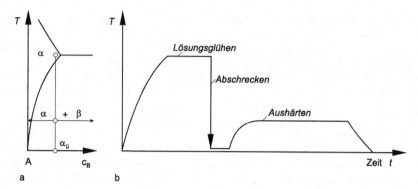

Bild 2-16. a Voraussetzung für eine Ausscheidungshärtung ist eine mit sinkender Temperatur abnehmende Löslichkeit. **b** Wärmebehandlung zum Herbeiführen einer Ausscheidungshärtung: Aufheizen auf Lösungsglühtemperatur und Halten bei dieser Temperatur, Abschrecken, Aushärten bei Raumtemperatur oder erhöhter Temperatur

Keimbildung, Wachstum der Ausscheidungen unter Zunahme ihres Volumenbruchteils und schließlich Vergröberung, wobei sich der ausgeschiedene Volumenbruchteil nicht mehr ändert.

3 Metallische Werkstoffe

3.1 Herstellung metallischer Werkstoffe

Metallische Werkstoffe werden aus metallhaltigen Mineralien (Erzen) in den Verfahrensstufen Rohstoffgewinnung, Aufbereitung und Metallurgie gewonnen. Die Technologien zur Gewinnung von Rohstoffen gehören zum Bereich der Bergbautechniken. Sie umfassen das *Erkunden, Erschließen, Gewinnen, Fördern* und *Aufbereiten* von abbauwürdigen Lagerstätten mineralischer Rohstoffe und Erze. Die Erze enthalten das gewünschte Metall nicht in metallischer Form, sondern in Form chemischer Verbindungen: Oxide, Sulfide, Oxidhydrate, Carbonate, Silicate. Bei der Aufbereitung, der Vorstufe der Umwandlung von Rohstoffen in Werkstoffe wird das geförderte Erz zunächst durch Brechen und Mahlen der Zerkleinerung unterworfen und dann Trennprozessen zugeführt, welche die metalltragenden Komponenten separieren, z. B. Trennung durch (a) unterschiedliche magnetische Eigenschaften, (b) Schwerkraft, (c) unterschiedliche Löslichkeit in Säuren oder Laugen, (d) unterschiedliches Benetzungsverhalten in organischen Flüssigkeiten (Flotation). Eisenerze, die Sulfide, aber auch Oxidhydrate oder Carbonate enthalten, werden durch Erhitzen an Luft („Rösten")

in Oxide überführt, wobei SO_2 bzw. H_2O oder CO_2 frei werden; SO_2 wird abgebunden oder verwertet.

Die Herstellung metallischer Werkstoffe aus den aufbereiteten Erzen oder metallhaltigen Rückständen, ihre Raffination und Weiterverarbeitung (insbesondere zu Legierungen) erfolgt mit Methoden der Metallurgie (Hüttenwesen). Ein grundlegender metallurgischer Prozess besteht darin, die in Erzen z. B. in Form von Metalloxiden gebundenen Metallbestandteile durch Aufbrechen der Bindung zwischen Metall (M) und Sauerstoff (O) freizusetzen. Der Reduktionsvorgang

$$M_xO_y + \Delta G_{M_xO_y} \rightarrow x M + (y/2)O_2$$

erfordert die Zufuhr der Bildungsenthalpie ΔG_M des Oxids.

Kennzeichnend für die verschiedenen metallurgischen Verfahren sind sowohl die Prozesstechnologie als auch der für die Erzreduktion erforderliche Einsatz an chemischen Reduktionsmitteln und elektrischer Energie.

3.2 Einteilung der Metalle

Die Einteilung der Metalle kann nach verschiedenen Merkmalen, wie z. B. Stellung im Periodensystem, Dichte, Schmelztemperatur, sowie physikalischen oder technologischen Eigenschaften erfolgen.

Knapp 70 der 90 natürlichen Elemente sind Metalle, wobei je nach Stellung im Periodensystem die folgende Einteilung üblich ist:

– Alkali- (oder A-)Metalle: Gruppe Ia (ohne H)
– Edle Metalle: Gruppe Ib
– B-Metalle: Gruppe II, Gruppe IIIa (ohne B), Gruppe IVa (ohne C), Gruppe Va (ohne N, P)
– Übergangsmetalle: Gruppe IIIb bis Gruppe VIIIb
– Lanthanoide
– Actinoide

Nach der Dichte werden unterschieden (vgl. Tabelle 9-1):

– Leichtmetalle: Dichte $< 4{,}5\,\text{kg}/\text{dm}^3$
– Schwermetalle: Dichte $> 4{,}5\,\text{kg}/\text{dm}^3$.

Das Kriterium Schmelztemperatur führt zu folgender Einteilung (vgl. Tabelle 9-8, Abschnitt 9.3.3):

– Niedrigschmelzende Metalle:
  Schmelztemperatur $< 1000\,°\text{C}$
– Mittelschmelzende Metalle:
  $\sim 1000\,°\text{C} <$ Schmelztemperatur $< 2000\,°\text{C}$
– Hochschmelzende Metalle:
  Schmelztemperatur $> 2000\,°\text{C}$.

Die metallischen Werkstoffe sind nach wie vor die wichtigsten Konstruktions- oder Strukturwerkstoffe. Sie werden in die beiden großen Gruppen der Eisenwerkstoffe und der Nichteisenmetalle (NE-Metalle) eingeteilt.
„Hartmetalle" kennzeichnen eine Übergangsgruppe zu den „Keramiken" (siehe 4.3.4).

3.3 Eisenwerkstoffe

Als Eisenwerkstoffe werden Metalllegierungen bezeichnet, bei denen der Massenanteil des Eisens höher ist als der jedes anderen Legierungselements. Reines Eisen ist wegen seiner geringen Festigkeit nicht als Konstruktionswerkstoff geeignet; seine besonderen magnetischen Eigenschaften sind jedoch für die Elektrotechnik von Bedeutung. Das wichtigste Legierungselement des Eisens ist Kohlenstoff. Abhängig vom Kohlenstoffgehalt und von der Wärmebehandlung erhält man verschiedene Stähle und Gusseisen, für deren Verständnis das Eisen-Kohlenstoff-Zustandsdiagramm eine wesentliche Basis darstellt [1]. (Eigenschaften und technische Daten der Eisenwerkstoffe: siehe 9.)

3.3.1 Eisen-Kohlenstoff-Diagramm

Im thermodynamischen Gleichgewicht liegen in einem Eisen-Kohlenstoff-System Eisen und Kohlenstoff als Graphit nebeneinander vor (stabiles System). In der Praxis häufiger benutzt wird das metastabile Eisen-Zementit-Diagramm. Zementit ist das Eisenkarbid, Fe_3C, das bei langen Glühzeiten in eine Eisenphase und Graphit zerfällt. Aus dem Eisen-Kohlenstoff-Zustandsdiagramm, Bild 3-1, lassen sich die verschiedenen Gefügezustände als Funktion von Kohlenstoffgehalt und Temperatur entnehmen. Die Zustandsfelder der einzelnen Phasen werden von Linien begrenzt, die durch die Buchstaben ihrer Endpunkte bezeichnet werden. Diese Linien können als Verbindungslinien der Haltepunkte, die als Verzögerungen bei Erwärmung oder Abkühlung infolge Gefügeumwandlung auftreten, angesehen werden. Bei Temperaturen oberhalb der Liquiduslinie ABCD liegen Eisen-Kohlenstoff-Lösungen als Schmelze vor. Sie erstarren in Temperaturbereichen, die zwischen der Liquiduslinie ABCD und der Soliduslinie AHIECF liegen. Mit abnehmender Temperatur nimmt der Anteil der ausgeschiedenen Kristalle in der Schmelze zu, bis an der Soliduslinie die Schmelze vollständig erstarrt ist. Das am niedrigsten Erstarrungspunkt aller Schmelzen (Punkt C) einheitlich erstarrende Gefüge wird Eutektikum genannt.
Im erstarrten Zustand ergeben sich für verschiedene Bereiche von C-Gehalt und Temperatur unterschiedliche Phasen und Gefüge. Beim reinen Eisen treten Modifikationen mit kubisch raumzentriertem (krz) oder dem dichteren kubisch flächenzentriertem (kfz) Gitter auf, die sich an den Haltepunkten A_r, A_c (r refroidissement: Abkühlung; c chauffage: Erwärmung) umwandeln. Man unterscheidet:

- α-Fe (Ferrit); krz; $\vartheta < 911\,°\text{C}$ (A_3) (unter $\vartheta = 769\,°\text{C}$, Curie-Temperatur, ist α-Fe ohne Gitterumwandlung ferromagnetisch)
- γ-Fe (Austenit); kfz; $911\,°\text{C} < \vartheta < 1392\,°\text{C}$ (A_4)
- δ-Fe (δ-Eisen); krz; $1392\,°\text{C} < \vartheta < 1536\,°\text{C}$

Bei C-Gehalten > 0 wird Kohlenstoff im α-, γ- und δ-Eisen in Zwischengitterplätzen eingelagert, wobei Mischkristalle (MK) bis zu den folgenden maximalen Löslichkeiten des Kohlenstoffs in Eisen entstehen:

- α-Mischkristall; 0,02 Gew.-% C bei 723 °C (A_1)
- γ-Mischkristall (Austenit); 2,06 Gew.-% C bei 1147 °C
- δ-Mischkristall; 0,1 Gew.-% C bei 1493 °C

Wird der maximal lösliche C-Gehalt überschritten, so werden im stabilen System Kohlenstoff (Graphit) oder im technisch wichtigeren metastabilen System Zementit Fe_3C ausgeschieden. Das metastabile System beschreibt dann die Reaktionen zwischen Eisen und Zementit. Ein Gehalt von 100% Zementit entspricht 6,69 Gew.-% C. Fe_3C weist eine relativ hohe Härte (1400 HV) auf und besitzt ein kompliziertes Gitter (orthorhombisch) mit 12 Fe-Atomen und 4 eingelagerten C-Atomen je Elementarzelle. Eisen-Kohlenstoff-Legierungen mit einem C-Gehalt > 6,69 Gew.-% besitzen keine technische Bedeutung. Die am niedrigsten Liquiduspunkt C bei 4,3 Gew.-% C vorliegende Schmelze zerfällt bei Erstarrung im festen Zustand in ein als Eutektikum bezeichnetes feinverteiltes Gemenge von γ-Mischkristallen (Auste-

nit) mit 2,06 Gew.-% C und Fe_3C-Kristallen (Zementit) mit 6,69 Gew.-% C. Im übereutektischen Bereich (> 4,3 Gew.-% C) bilden sich Gefüge aus Ledeburit und Primärzementit, im untereutektischen Bereich (< 4,3 Gew.% C) Gefüge aus Austenit, Ledeburit und Sekundärzementit. (Sekundärzementit entsteht durch Ausscheidung von Eisenkarbid aus Austenit).

Das bei der Abkühlung von homogenem Austenit (γ-Mischkristalle) bei einem C-Gehalt von 0,8 Gew.-% entstehende Eutektoid Perlit besteht aus nebeneinanderliegendem lamellenförmigem Ferrit (α-Mischkristalle) und Zementit. Bei untereutektoiden Legierungen (< 0,8 Gew.-% C) scheiden sich vor Erreichen des Perlitpunktes (S) Ferritkristalle aus, bei übereutektoiden Legierungen (> 0,8 Gew.-% C) bildet sich Sekundärzementit.

Die im Eisen-Kohlenstoff-Zustandsdiagramm angegebenen Zustandsfelder gelten nur dann, wenn für die Einstellung der Gleichgewichte und die erforderlichen Diffusionsvorgänge genügend Zeit zur Verfügung steht.

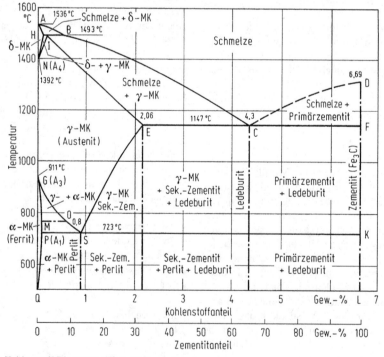

Bild 3-1. Eisen-Kohlenstoff-Diagramm (metastabiles System)

3.3.2 Wärmebehandlung

Die zur Erzeugung bestimmter Gefügezustände oder Werkstoffeigenschaften eingesetzten Verfahren der Wärmebehandlung bestehen aus den Verfahrensschritten Erwärmen, Halten und Abkühlen und umfassen das Härten und die Glühbehandlungen.

a) Härten

Beim Härten werden durch rasches Abkühlen aus dem Austenitfeld des Fe-C-Zustandsdiagramms Gefügezustände mit höherer Härte und Festigkeit erzeugt.

Die Kinetik der Umwandlung des Austenits in andere Phasen wird durch ein Zeit-Temperatur-Umwandlungsdiagramm (ZTU-Diagramm) beschrieben (Bild 3-2). In einem Zeit-Temperatur-Koordinatensystem werden Kurven gleichen Umwandlungsgrades eingetragen (0%: Beginn, 100%: Ende der Umwandlung). Die Umwandlungsmechanismen und die Gefügeausbildung der Umwandlungsprodukte (Austenit, Perlit, Bainit und Martensit) hängen von der Abkühlgeschwindigkeit ab. In Abhängigkeit von der Abkühlgeschwindigkeit lässt sich Austenit diffusionsgesteuert in Perlit oder in ein als Bainit bezeichnetes feines Gemenge von Ferrit und Carbid umwandeln. Durch sehr rasche Abkühlung (Abschrecken) kann die diffusionsgesteuerte Umwandlung in die beiden Gleichgewichtsphasen unterdrückt und nach Unterschreiten der sog. Martensit-Starttemperatur

(M_s) eine diffusionslose Umwandlung (Umklappen) der kfz Elementarzellen des Austenits in die tetragonal verzerrten Gefügestrukturen des Martensits bewirkt werden. Infolge der hohen Übersättigung an Zwischengitter-C-Atomen und einer durch die Gitterverzerrungen erhöhten Versetzungsdichte zeichnet sich das aus latten- und plattenförmigen Strukturen bestehende Martensitgefüge durch hohe Härte aus.

Das beim Härten entstehende hart-spröde Martensitgefüge wird meist angelassen oder vergütet: Erwärmen auf 200 bis 600 °C, um spröden Martensit durch Abbau von Spannungen und Ausscheidung von Carbiden in einen duktileren Zustand zu überführen. Eine auf die Oberflächen beschränkte Härtung (Randschichthärten) ist mit Flammenhärten, Laserhärten und dem Induktionshärten möglich. Bei zu geringem C-Gehalt eines Bauteils kann durch Aufkohlen (Einsetzen in C-abgebende Mittel) eine C-Anreicherung erreicht und durch das Einsatzhärten eine hohe Oberflächenhärte bei hoher Zähigkeit des Kern erzielt werden. Eine Oberflächenhärtung kann auch durch thermochemische Behandlungen unter Eindiffundieren bestimmter Elemente, wie z.B. Stickstoff, Bor oder Vanadium, vorgenommen werden. Von besonderer technischer Bedeutung ist das Nitrieren, das im Ammoniakstrom (Gasnitrieren), in Salzbädern (Badnitrieren) oder unter Ionisation des Stickstoffs durch Glimmentladung (Plasmanitrieren) durchgeführt werden kann.

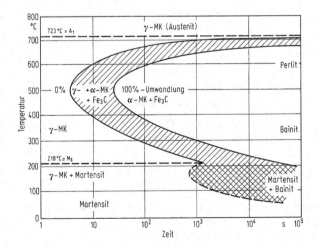

Bild 3-2. Isothermes Zeit-Temperatur-Umwandlungsschaubild (ZTU-Schaubild): schematische Darstellung für eutektoiden Stahl

b) Glühbehandlungen

Durch Glühbehandlungen bei einer bestimmten Temperatur und Haltedauer sowie nachfolgendem Abkühlen werden bestimmte Gefügezustände und Werkstoffeigenschaften erreicht. Wichtige Verfahren sind:

- *Normalglühen, (Normalisieren)*. Erwärmen kurz über die Gleichgewichtslinie (GOS) im Austenitgebiet und anschließendes Abkühlen an Luft führt zur völligen Umkristallisation und Ausbildung eines feinkörnigen perlitisch ferritischen Gefüges.
- *Weichglühen*. Verbesserung des Formänderungsvermögens durch längeres Pendelglühen im Temperaturbereich der Perlitumwandlung, wobei sich die im streifigen Perlit vorliegenden Zementitlamellen in die energieärmere rundliche Carbidform umwandeln.
- *Rekristallisationsglühen*. Glühen kaltverformter Werkstoffe unterhalb der Temperatur der Perlitreaktion, sodass Versetzungen durch Erholung oder Rekristallisation ausheilen können, und die Verformbarkeit wieder hergestellt wird. Die Korngröße ist verformungsabhängig.
- *Spannungsarmglühen*. Beseitigung von Eigenspannungen durch Erwärmen unterhalb der Temperatur beginnender Rekristallisation und langsames Abkühlen.

3.3.3 Stahl

Eisen-Kohlenstoff-Legierungen mit einem Kohlenstoffanteil i. Allg. unter 2 Gew.-%, die kalt oder warm umformbar (schmiedbar) sind, werden als Stähle, nichtschmiedbare Eisenwerkstoffe, C-Anteil über 2 Gew.-%, als Gusseisen bezeichnet [1].

Die gezielt zur Herstellung der verschiedenen Stähle zugefügten Legierungselemente bilden mit Eisen meist Mischkristalle. Die Elemente

$$Cr, Al, Ti, Ta, Si, Mo, V, W$$

lösen sich bevorzugt in Ferrit (Ferritbildner); die Elemente

$$Ni, C, Co, Mn, N, Cu$$

vorwiegend in Austenit. Sie erweitern das γ-Gebiet und machen den Stahl austenitisch. Stähle mit hohen Ni- oder Mn-Gehalten sind bis zur Raumtemperatur austenitisch. Neben Mischkristallen können sich in Stählen Verbindungen bilden, wenn zwischen mindestens zwei Legierungselementen starke Bindungskräfte vorhanden sind, wodurch sich komplizierte, harte Kristallgitter bilden können. Wichtig sind dabei Carbide, Nitride und Carbonitride. Wichtige Carbidbildner sind:

$$Mn, Cr, Mo, W, Ta, V, Nb, Ti.$$

Schwache Carbidbildner (Mn, Cr) lagern sich z. B. in Fe_3C als Mischkristalle ein, z. B. $(Fe, Cr)_3C$, $(Fe, Mn)_3C$; starke Carbidbildner (Ti, V) bilden Sonderkarbide mit einer von der des Fe_3C abweichenden Gitterstruktur, z. B, Mo_2C, TiC, VC.

Durch die Nitridbildner

$$Al, Cr, Zr, Nb, Ti, V$$

werden harte Nitride (bis 1200 HV) gebildet und beim Nitrierhärten technisch genutzt. Carbonitridausscheidungen erzeugen ein sehr feinkörniges Umwandlungsgefüge (Feinkornbaustähle).

Bei den Stählen werden nach der Verwendung Bereiche mit den folgenden Hauptsymbolen unterschieden [2]:

S Stähle für den allgemeinen Stahlbau

P Stähle für den Druckbehälterbau

L Stähle für den Rohrleitungsbau

E Maschinenbaustähle

B Betonstahl

Y Spannstahl

R Stähle für oder in Form von Schienen

H Kaltgewalzte Flacherzeugnisse in höherfesten Ziehgüten

D Flacherzeugnisse aus weichen Stählen zum Kaltumformen

T Verpackungsblech- und -band

M Elektroblech und -band [mit besonderen magnetischen Eigenschaften]

Bei entsprechenden Gusswerkstoffen wird dem Kurznamen z. B. G- vorangestellt.

Für die systematische Bezeichnung von Stahlwerkstoffen gibt es nach DIN EN 10027−1 (Bezeichnungssysteme für Stähle), die folgenden Möglichkeiten:

a. Kurznamen, beruhend auf der Verwendung, mit dem Aufbau

- *Hauptsymbol* (siehe oben)

– *Kennwert* der charakteristischen mechanischen (oder physikalischen) Eigenschaft, z. B. Streckgrenze in MPa, Zugfestigkeit in MPa, Ummagnetisierungsverlust in $0,01 \times$ W/kg bei 1,5 Tesla.

– *Zusatzsymbole* bzgl. Kerbschlagarbeit bei unterschiedlicher Prüftemperatur sowie besonderer Eigenschafts-, Einsatz- oder Erzeugnisbereiche, z. B. „F" zum Schmieden geeignet, „L" für tiefe Temperaturen, „Q" vergütet.

Beispiel: S690Q bedeutet Stahl für den Stahlbau mit einer Streckgrenze von 690 MPa, vergütet.

b. Kurznamen, basierend auf der chemischen Zusammensetzung, mit vier Typen:

1. *Unlegierte Stähle:* Hauptsymbol C (Kohlenstoff) und Zahlenwert des 100fachen mittleren C-Gehaltes in Gew.-% für unlegierte Stähle mit Mangan-Gehalt < 1 Gew.-% (Beispiel: C 15)

2. *Unlegierte Stähle* mit Mn-Gehalt > 1 Gew.-%, unlegierte Automatenstähle und legierte Stähle (außer Schnellarbeitsstähle) mit Gehalten der einzelnen Legierungselemente < 5 Gew.-%: Hauptsymbol 100facher mittlerer C-Gehalt in Gew.-% dazu Nennung der charakteristischen Legierungselemente und ganzzahlige Angabe ihrer mit folgenden Faktoren multiplizierten Massenanteile

Legierungselemente	Faktor
Cr, Co, Mn, Ni, Si, W	4
Al, Be, Cu, Mo, Nb, Pb, Ta, Ti, V, Zr	10
C, N, P, S, Ca	100
B	1000

Beispiel: 13 CrMo4-4 ist legierter Stahl mit 0,13% C, 1% Cr und 0,4% Mo;

3. *Hochlegierte Stähle:* Hauptsymbol X, dazu Angabe 100fachen mittleren C-Gehaltes in Gew.-% sowie der charakteristischen Legierungselemente (chem. Symbole und Anteile in Gew.-%) für legierte Stähle, wenn für mindestens ein Legierungselement der Gehalt 5 Gew.-% übersteigt.

Beispiel: X5CrNiMo18-10 ist hochlegierter Stahl mit 0,05% C, 18% Cr, 10% Ni sowie auch Mo;

4. *Schnellarbeitsstähle:* Hauptsymbol HS und Zahlen, die in gleichbleibender Reihenfolge den Massenanteil folgender Legierungselemente angeben: W, Mo, V, Co.

Beispiel: HS 2-9-1-8.

c. **Werkstoffnummern**, die durch die Europäische Stahlregistratur vergeben werden, mit folgendem Aufbau:

– Bei Stählen steht an erster Stelle der Werkstoffnummer eine 1.

– Nach einem Punkt folgt eine zweistellige Stahlgruppennummer, z. B. 00 für Grundstähle oder 01 bis 09 für Qualitätsstähle. Bei den legierten Edelstählen gelten die Gruppennummern 20 bis 28 für Werkzeugstähle, 40 bis 49 für chemisch beständige Stähle, sowie die vier Dekaden 50 bis 89 für Bau-, Maschinen- und Behälterstähle.

– Es folgt eine zweistellige Zählnummer für die einzelne Stahlsorte.

Beispiel: 1.2312 bedeutet: 1 für Stahl, 23 für molybdänhaltige Werkzeugstähle, Zählnummer 12.

Stähle stellen nach wie vor die wichtigsten und vielfältigsten Konstruktions- sowie auch Funktionswerkstoffe dar. Eine kurze Zusammenstellung technisch wichtiger Stähle mit stichwortartigen Angaben über Aufbau, Eigenschaften und Verwendungszweck sowie Sortenbeispielen und zugehörigen Normbezeichnungen gibt Tabelle 3–1.

3.3.4 Gusseisen

Gebräuchliche Gusseisenwerkstoffe haben C-Anteile zwischen 2 und ca. 4 Gew.-% und sind im Allgemeinen nicht schmiedbar. Die Legierungselemente Kohlenstoff und Silicium bestimmen in Verbindung mit der Erstarrungsgeschwindigkeit das Gefüge bezüglich der entstehenden Kohlenstoffphasen, siehe Bild 3–3.

Mit zunehmendem C- und Si-Gehalt werden die folgenden hauptsächlichen Felder unterschieden:

I. Weißes Gusseisen (Hartguss, metastabiles System),

II. Graues Gusseisen (Grauguss, stabiles System),

III. Graues Gusseisen (Grauguss, stabiles System), ferritisches Gefüge: Graphit und Ferrit;

Tabelle 3–1. Technische Stahlsorten (Übersicht)

Stahlsorten	Merkmale, Beispiele
• Baustähle für Hoch-, Tief-, Brückenbau, Fahrzeug-, Behälter- und Maschinenbau	
Allgemeine Baustähle (DIN EN 10 025-1, -2)	Unlegierte und niedriglegierte ferritisch-perlitische Gefüge; Mindeststreckgrenzen 180 bis 360 MPa
Hochfeste Baustähle (DIN EN 10 025-1/3)	Mikrolegierte (TiC-NbC-VC-Dispersionen), schweißgeeignete Feinkornbaustähle, z. B. S460N
Baustähle für spezielle Erzeugnisse	Blankstahl nach DIN EN 10 277-1/2, 4/5; Feinbleche, DIN 1623; kaltgewalzte Flacherzeugnisse aus weichen Stählen zum Kaltumformen nach DIN EN 10130; warmgewalzte Flacherzeugnisse aus Stählen mit hoher Streckgrenze zum Kaltumformen nach DIN EN 10 149-1/3
• Stähle für eine Wärmebehandlung	
Vergütungsstähle (DIN EN 10083-1/3)	Mn/Cr/Mo/Ni/V-legiert; 0,2 bis 0,6% C, für dynamisch beanspruchte Bauteile hoher Festigkeit; z. B. C45E, 42CrMo4
Stähle für das Randschichthärten (DIN EN 10 083-1/3)	Vergütungsstähle für kernzähe, oberflächenharte Bauteile durch Flamm- und Induktionshärten, z. B. 45Cr2 (55 HRC)
Einsatzstähle (DIN EN 10084)	Mn/Cr/Mo/Ni-legiert, niedr. C-Gehalt; kernzäh und oberflächenhart durch Aufkohlen und Härten, z. B. C10, 20MoCrS4
Nitrierstähle (DIN EN 10 085)	Vergütungsstähle mit perlitisch-martensitischem Gefüge und Nitridbildnern (Cr, Mo, Al); z. B. 31CrMo12, 34CrAlMo5
• Stähle für besondere Fertigungsverfahren	
Automatenstähle (DIN EN 10 087)	Durch S- und Pb-Zusätze gut zerspanbar und spanbrüchig bei hohen Schnittgeschwindigkeiten; einsatzhärtbar (z. B. 10S20), vergütbar (z. B. 45S20)
Stahlguss	Fe-C-Legierungen mit < 2% C; allg. Stahlguss (z. B. GS-60) DIN EN 10293; warmfester Stahlguss (z. B. G17CrMo 5-5), DIN EN 10 213
• Stähle mit besonderen technologischen Eigenschaften	
Kaltzähe Stähle (DIN EN 10 028-4)	Ni-legierte Stähle mit ausreichender Zähigkeit bei −60 bis 195 °C; z. B. X8Ni9
Hochwarmfeste austenitische Stähle (DIN EN 10 028-7, DIN EN 10 222-5, DIN EN 10302)	Ferritisch perlitisches Gefüge; z. B. X3CrNiMoN17-13 (T <800 °C), X8NiCrAlTi32-21 (T <1000 °C)
Nichtrostende Stähle (DIN EN 10 088-1/3)	ferritisch, z. B. X6Cr17, martensitisch, z. B. X39Cr13; austenitisch, z. B. X2CrNi19-11; austenitisch-ferritisch, z. B. X2CrNiMoCuWN25-7-4
• Stähle für Konstruktionsteile	
Federstähle (DIN EN 10089)	Si/Mn/Cr/Mo/V-legiert, z. B. 38Si7, 60SiCr7
Stähle für Schrauben und Muttern	unlegierte Stähle, DIN EN 10 263-2; Einsatzstähle, DIN EN 10263-3; Vergütungsstähle, DIN EN 10 263-4; nichtrostende Stähle, DIN EN 10 263-5; warmfeste und hochwarmfeste Stähle, DIN EN 10 269
Ventilstähle (DIN EN 10090)	Beständig gegen mechanische, thermische, korrosive und tribologische Beanspruchung, z. B. X45CrSi9-3, X45CrNiW18-9
Wälzlagerstähle (DIN EN ISO 683-17)	Zug-druck-wechselbeständig, hochhart; maßbeständig, z. B. 100Cr6, 17MnCr5, X102CrMo17
• Werkzeugstähle (DIN EN ISO 4957)	
Kaltarbeitsstähle	Unlegiert und legiert (Cr/Mo/V/Mn/Ni/W) für T < 200 °C; z. B. C105W1 (Handwerkzeug), 90MnCrV8 (Schneidwerkzeug)
Warmarbeitsstähle	Warmfest, Cr/Mo/V/Ni-legiert für T > 200 °C (z. B. X40CrMoV5-1); anlassbeständig
Schnellarbeitsstähle	für hohe Schnittgeschwindigkeiten und -temperaturen (bis 600 °C), höchste Warmhärte und Anlassbeständigkeit, hoher W/Cr/Mo/V-Carbidanteil (C > 0,75%); z. B. S10-4-3-10

Gusseisen wird in folgende Gruppen eingeteilt:

- Gusseisen mit Lamellengraphit (GJL, DIN EN 1561). Eisengusswerkstoff mit lamellarem Graphit im Gefüge, geringe Verformbarkeit durch heterogenes Gefüge, steigende (Zug-)Festigkeit (100 bis 400 MPa) mit feiner werdender Graphitverteilung, gute Dämpfungseigenschaften, Druckfestigkeit etwa viermal so hoch wie Zugfestigkeit.
- Gusseisen mit Kugelgraphit (GJS, DIN EN 1563) Kugelige (globulitische) Ausbildung des Graphits durch Zusatz geringer Mengen von Magnesium, Cer und Calcium, Festigkeit erheblich höher als bei GJL bei erheblich erhöhter Duktilität.
- Temperguss (GJM, DIN EN 1562): Fe-C-Legierungen, die zunächst graphitfrei erstarren und durch anschließende Glühbehandlung in weißen Temperguss (entkohlend geglüht) oder schwarzen Temperguss (nichtentkohlend geglüht) mit ferritisch perlitischem Gefüge und Temperkohle umgewandelt werden. Temperguss vereinigt gute Gusseigenschaften des Graugusses mit nahezu stahlähnlicher Zähigkeit, er ist schweißbar und gut zerspanbar.
- Hartguss (GJH): Zementitbildung durch schnelles Abkühlen und Manganzusatz zur Schmelze, durch sog. Schalenhartguss Erzielung von Bauteilen mit weißem (sehr harten) Gusseisen in der Oberflächenschicht und Grauguss im Kern, dadurch Kombination hochbeanspruchbarer Oberflächen mit verbesserter Kernzähigkeit. Es gibt auch hochlegiertes Gusseisen mit Cr und Mo und somit harten Carbiden.

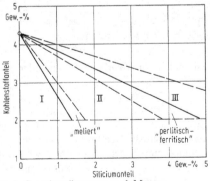

Bild 3–3. Gusseisendiagramm nach Maurer

3.4 Nichteisenmetalle und ihre Legierungen

Die als Werkstoffe genutzten Nichteisenmetalle (NE-Metalle) werden traditionell eingeteilt in

- Leichtmetalle (Dichte $\leq 4,5\,kg/dm^3$): Al, Mg, Ti; [3]
- Schwermetalle (Dichte $\geq 4,5\,kg/dm^3$): Cu, Ni, Zn, Sn, Pb;
- Edelmetalle: Au, Ag, Pt-Metalle.

Im Folgenden sind Gewinnung, Eigenschaften und Anwendungen der technisch wichtigsten Leichtmetalle und Schwermetalle stichwortartig beschrieben. Eigenschaftswerte und technische Daten der NE-Metalle sind im Kap. 9 zusammengestellt; eine Übersicht über die wichtigsten DIN-Normen gibt Tabelle 3-2.

3.4.1 Aluminium

Gewinnung durch Schmelzflusselektrolyse von aufbereitetem Bauxit bei 950 bis 970 °C; 4 t Bauxit liefern 1 t Hütten-Al mit 99,5 bis 99,9% Al.

Aluminium hat einen kfz Gitteraufbau und ist ausgezeichnet warm- und kaltverformbar (Walzen, Ziehen, Pressen, Strangpressen, Fließpressen, Kaltverformen). Es besitzt günstige Festigkeits-Dichte- und Leitfähigkeits-Dichte-Verhältnisse sowie eine gute Korrosionsbeständigkeit gegenüber Witterungseinflüssen in sauren wie schwach alkalischen Lösungen durch Bildung von (ca. 0,01 µm dicken) Oxid-Oberflächenschichten, die vor der Herstellung von Schweißverbindungen entfernt werden müssen („Schutzgasschweißen" unter Argon oder Helium).

Wichtige Legierungselemente für Aluminium sind Cu, Mg, Zn und Si. Durch geeignete Wärmebehandlung (Lösungsglühen, Abschrecken, Auslagern) kann eine Ausscheidungshärtung erzielt werden: feindisperse Ausscheidungen und die von ihnen bewirkten Matrixgitterverzerrungen behindern die Versetzungsbeweglichkeit und erhöhen damit die Festigkeit. Wichtig sind besonders die Knetlegierungen AlCuMg, AlMgSi, AlZnMg, AlZnMgCu und die Gusslegierung AlSi. Die Hauptanwendungsgebiete liegen in der Luft- und Raumfahrt, im Bauwesen und Fahrzeugbau (z. B. Profilsätze, Motorenblöcke, Gleitlager, Aufbauten), im Behälter- und Gerätebau (z. B. Leichtbaukonstruktionen), in der chemischen

Tabelle 3-2. Normen über Nichteisenmetalle und ihre Legierungen (Übersicht, Kurzbegriffe)

Metall	Normen	Gegenstand
Aluminium (Al)	DIN EN 576,	Al rein, Masseln; Halbzeug
	DIN EN 573-3,	
	DIN EN 573-3,	Al, Knetlegierungen (T1), Gusslegierungen (T2)
	DIN EN 1706	
	DIN EN 485-2,	Al-Halbzeug (Bleche, Rohre, Profile), Festigkeit
	DIN EN 546-2	
	DIN 17611	Anodisch oxidiertes Al (Eloxal), Lieferbedingungen
	DIN EN 14121-1, DIN EN 40501-2	Al für die Elektrotechnik, DIN EN 1715-1, -2
Magnesium (Mg)	ISO 8287	Hüttenmagnesium
	DIN 1729-1, DIN EN 1753	Mg, Knetlegierungen (T1), Gusslegierungen
	DIN 9715	Mg-Halbzeug, Festigkeit
Titan (Ti)	DIN 17850/51	Ti/Ti-Knetlegierungen, Zusammensetzung
	DIN 17860	Bleche und Bänder aus Ti und Ti-Knetlegierungen
	DIN 17862/64	Halbzeug aus Ti und Ti-Legierungen (Stangen, Drähte, Schmiedestücke)
Kupfer (Cu)	DIN EN 1976, DIN EN 1978	Cu rein, Sorten; Halbzeuge
	DIN EN 1652,	Cu-Halbzeug (Bleche, Rohre, Profile), Festigkeit
	DIN EN 12163/65	
	DIN EN 1982	CuSn-Legierungen (Zinnbronze; Guss-Zinnbronze)
	DIN EN 1982	CuZn-Legierungen (Messing; Guss-Messing)
	DIN EN 1982	CuAl-Legierungen (Al-Bronze; Guss-Al-Bronze)
Nickel (Ni)	DIN 1701	Hüttennickel
	DIN 17740	Nickel in Halbzeug; Zusammensetzung
	DIN 17741/43	Ni-Knetlegierungen, mit Cr, mit Cu; Zusammensetzung
Zinn (Sn)	DIN EN 610	Sn, Sorten und Lieferformen
	DIN 1742	Sn-Druckgusslegierungen, Verwendungsrichtlinien
	DIN EN 611-1	Zinngerät, Zusammensetzung der Sn-Legierungen
Zink (Zn)	DIN EN 1179	Zn, Feinzink, Hüttenzink
	DIN EN 1774, DIN EN 12844	Feinzink-Gusslegierungen
	DIN EN 988	Zn-Halbzeug für das Bauwesen (Bleche, Bänder)
Blei (Pb)	DIN 17640-1	Pb-Druckgusslegierungen
	DIN 17640-1	Pb und Pb-Legierungen; allgemeine Verwendung (T1) Kabelmäntel (T2), Akkumulatoren (T3)

Industrie (z. B. Behälter, Rohrleitungen), im Verpackungswesen (z. B. Folien) und in der Elektrotechnik (z. B. Schienen, Kabel und Freileitungsseile).

3.4.2 Magnesium

Gewinnung durch Schmelzflusselektrolyse von aufbereitetem Magnesiumchlorid bei 700 °C (70 bis 80% der Mg-Weltproduktion) oder direkter Reduktion von Magnesiumoxid durch karbothermische oder silicothermische Verfahren.

Magnesium kristallisiert in hexagonal dichtester Kugelpackung, ist leicht zerspanbar und hat bei mittleren Festigkeitseigenschaften die niedrigste Dichte aller metallischen Werkstoffe ($1{,}74\,kg/dm^3$). Die hohe Affinität zum Sauerstoff macht trotz Bildung von Oxid-Oberflächenschichten Korrosionsschutzmaßnahmen erforderlich.

Die wichtigsten Legierungselemente (Al, Zn, Mn) verbessern die Festigkeit, vermindern die hohe Kerbempfindlichkeit und erhöhen die Korrosionsbeständigkeit (Mn). Die bei Raumtemperatur mehrphasigen Legierungen (Mischkristalle, intermetallische Phasen) lassen sich durch Wärmebehandlung bezüglich Zähigkeit (Lösungsglühen, Abschrecken) oder Festigkeit (Lösungsglühen, langsames Abkühlen) beeinflussen. Umformung der Knetlegierungen geschieht durch Strangpressen, Warmpressen, Schmieden, Walzen und Ziehen oberhalb 200 °C. Hauptanwendungsgebiete der Legierungen sind der Flugzeugbau (z. B. Türen, Cockpitkomponenten), der Automobilbau (z. B. Getriebegehäuse) sowie der Instrumenten-und Gerätebau (z. B. Kameragehäuse, Büromaschinen).

3.4.3 Titan

Herstellung kompakten Titans durch Vakuumschmelzen von porösem Titan, das aus Rutil bzw. Ilmenit über die Zwischenstufen Titandioxid und Titantetrachlorid durch Aufschließen, Fällung und Reduktion gewonnen wird.

Titan hat bei Raumtemperatur eine hexagonale (verformungsungünstige) Gitterstruktur (α-Phase), die sich oberhalb von 882 °C in die kubisch raumzentrierte β-Phase umwandelt. Es hat eine hohe Festigkeit, relativ geringe Dichte, sowie eine ausgezeichnete Korrosionsbeständigkeit durch Oxidschichtbildung infolge hoher Sauerstoffaffinität und kann unter Schutzgas und im Vakuum geschweißt werden.

Legierungszusätze von Al, Sn oder O begünstigen die hexagonale α-Phase, solche von V, Cr und Fe die kubisch raumzentrierte β-Phase mit besserer Kaltumformbarkeit und höherer Festigkeit. Ähnlich wie bei Stahl können durch geeignete Wärmebehandlung (z. B. Ausscheidungshärtung, Martensithärtung) die mechanischen Eigenschaften beeinflusst und zweiphasige ($\alpha + \beta$)-Legierungen mit günstigem Festigkeits-Dichte-Verhältnis hergestellt werden.

Hauptanwendungsgebiete sind die Flugzeug- und Raketentechnik (z. B. Leichtbauteile hoher Festigkeit), Chemieanlagen (z. B. Wärmetauscher, Elektroden), Schiffsbau (z. B. seewasserbeständige Teile, wie Schiffsschrauben) und die Medizintechnik (biokompatible Implantate).

3.4.4 Kupfer

Gewinnung durch Pyrometallurgie (75% der Cu-Weltproduktion), Elektrometallurgie und Hydrometallurgie.

Kupfer hat ein kfz Gitter und eine Elektronenkonfiguration mit abgeschlossenen d-Niveaus der zweitäußersten Schale und einem s-Elektron in der äußersten Schale. Es besitzt gute Verformbarkeit, ausgezeichnete elektrische und thermische Leitfähigkeit sowie hohe Korrosionsbeständigkeit infolge des relativ hohen Lösungspotenzials und der Fähigkeit zur Deckschichtbildung in verschiedenen Medien. Es lässt sich gut schweißen und löten, ist jedoch gegen Erhitzung in reduzierender Atmosphäre empfindlich, sog. Wasserstoffkrankheit.

Geringe Legierungszusätze steigern die Festigkeit von Kupfer durch Mischkristallbildung (Ag, Mn, As) oder durch Aushärten (Cr, Zr, Cd, Fe, P). Wichtig sind folgende Kupferlegierungen:

- Messing: Kupfer-Zink-Legierungen mit den hauptsächlichen Gefügegruppen: α-Messing mit einem Zn-Anteil < 32 Gew.-% (gut kaltumformbar, schwieriger warmumformbar, schlecht zerspanbar), β-Messing mit 46% bis 50% Zn (schwierig kaltverformbar, gut warmverformbar, gut zerspanbar) und ($\alpha + \beta$)-Messing mit einem Zn-Gehalt von 32 bis 46%. Sondermessing enthält weitere Legierungsbestandteile, wie z. B. Ni oder Al, zur Erhöhung von Festigkeit, Härte, Feinkörnigkeit oder Mn, Sn zur Verbesserung von Warmfestigkeit und Seewasserbeständigkeit.

- Neusilber: Kupfer-Zink-Legierungen, bei denen ein Teil des Kupfers durch einen Nickelanteil (10 bis 25%) zur Verbesserung der Anlaufbeständigkeit ersetzt ist.

- Bronze: Kupfer-Legierungen mit einem Anteil von mehr als 60% Cu und den Hauptgruppen Zinnbronze (Knetlegierungen < 10% Sn, Gusslegierungen < 20% Sn), Aluminiumbronze (< 11% Al), Bleibronze für Lager (< 22% Pb), Nickelbronze (< 44% Ni), Manganbronze (< 5% Mn), Berylliumbronze (< 2% Be).

Hauptanwendungsgebiet von legiertem und unlegiertem Kupfer sowie von Mangan- und Berylliumbronze ist die Elektrotechnik (z. B. Kabel, Drähte; Widerstandswerkstoffe, z. B. CuNi44 ‚Konstantan') und der (Elektro-)Maschinenbau (z. B. Kommutatorlamellen in Elektromotoren, Punktschweißelektroden). Messing eignet sich besonders für die spanende Bearbeitung (z. B. Drehteile, Bauprofile) und die spanlose Formgebung (z. B. extreme Tiefziehbeanspruchung bei 28% Zn möglich). Neusilber ist sowohl für Relaisfedern in der Nachrichtentechnik als auch für Tafelgeräte und Geräte der Feinwerktechnik geeignet. Bronze findet Anwendung in der Tribotechnik (z. B. Gleitlager, Schneckenräder, kavitations- und erosionsbeanspruchte Bauteile).

3.4.5 Nickel

Gewinnung aus sulfidischen oder silikatischen Erzen durch komplizierte metallurgische Prozesse: Flotationsaufbereitung, Rösten, Schmelzen im Schacht- oder Flammenofen, Verblasen im Konverter, Raffination.

Nickel hat wegen seines kubisch flächenzentrierten Gitters gute Umformbarkeit und Zähigkeit; es ist sehr korrosionsbeständig und bis zur Curietemperatur von 360 °C ferromagnetisch. Gegenüber Eindiffusion von Schwefel ist Nickel empfindlich und neigt dann zum Aufreißen bei der Kaltumformung, zur Warmrissigkeit beim Schweißen und bei der Warmumformung (sog. Korngrenzenbrüchigkeit).

Wichtige Legierungen sind:

– Nickel-Kupfer-Legierungen: Ni bildet eine lückenlose Mischkristallreihe und ist mit Cu durch Gießen, spanlose und spanende Formgebung sowie durch Löten und Schweißen verarbeitbar. Legierungen mit 30% Cu (z. B. NiCu30Fe, ‚Monel') sind sehr korrosionsbeständig, Festigkeitssteigerung durch Aushärten (Zusatz von Al und Si).

– Nickel-Chrom-Legierungen: Massenanteile von 15 bis 35% Cr erhöhen die Zunderbeständigkeit und die Warmfestigkeit, z. B. bei Heizleitern mit hohem spezifischem Widerstand.

– Nickelbasis-Gusslegierungen, z. B. mit 0,1% C, 16% Cr, 9% Co, 1,7% Mo, 2% Ta, 3,5% Ti, 3,5% Al, 2,7% W (Inconel 738 LC) besitzen hohe Warmfestigkeit durch Ausscheidung eines hohen Volumenanteils der intermetallischen γ'-Phase $Ni_3(Al, Ti)$ in die γ-Matrix (sog. Superlegierungen). Eine weitere Erhöhung der Warmfestigkeit, besonders der Kriechfestigkeit und der Lebensdauer wird erzielt durch besondere Gießtechniken zur Vermeidung von Korngrenzen senkrecht zur Richtung maximaler Beanspruchung (gerichtete oder einkristalline Erstarrung). Superlegierungen dienen auch als Basis für oxiddispersionsgehärtete (ODS) mechanisch legierte hochwarmfeste Werkstoffe, z. B. MA 6000.

– Nickel-Eisen-Legierungen: Weichmagnetische Werkstoffe (29 bis 75 Gew.-% Ni) mit hoher Permeabilität und Sättigungsinduktion sowie geringen Koerzitivfeldstärken und Ummagnetisierungsverlusten. Al, Co, Fe-Ni-Legierungen sind dagegen hartmagnetische Werkstoffe hoher, möglichst unveränderlicher Magnetisierung; FeNi36 (‚Invar') mit sehr kleinem thermischen Ausdehnungskoeffizienten.

Nickelbasis-Hochtemperaturwerkstoffe werden hauptsächlich in der Kraftfahrzeug- und Luftfahrttechnik (z. B. Verbrennungsmotorventile, Turbinenschaufeln) sowie in der chemischen Anlagentechnik (z. B. Reaktorwerkstoffe, Heizleiter) eingesetzt. Nickel-Eisen-Legierungen sind im Bereich der Elektrotechnik unentbehrlich (z. B. als weich- und hartmagnetische Werkstoffe).

3.4.6 Zinn

Gewinnung durch Reduktion von Zinnstein (Zinndioxid) nach nassmechanischer Aufbereitung (z. B. Flotation) und Abrösten, anschließend Raffination durch Seigerung oder durch Elektrolyse.

Zinn hat ein tetragonales Gitter, das sich unterhalb von 13,2 °C (träge) in die kubische Modifikation umwandelt („Zinnpest" bei tiefen Temperaturen). Es ist gegen schwache Säuren und schwache Alkalien beständig. Infolge seiner niedrigen Rekristallisationstemperatur tritt bei der Umformung (Walzen, Pressen, Ziehen) bereits bei Raumtemperatur Rekristallisation ein, sodass die Kaltverfestigung ausbleibt (hohe Bruchdehnung). Wichtige Zinnlegierungen sind:

– Lagermetalle: Weißmetall-Legierungen, z. B. GlSn80 (80% Sn, 12% Sb, 7% Cu, 1% Pb), dessen Gefüge aus harten intermetallischen Verbindungen (Cu_6Sn) sowie Sn-Sb-Mischkristallen besteht, die in ein weicheres bleihaltiges Eutektikum eingelagert sind.

– Weichlote: L-Sn60 (60% Sn, 40% Pb), erstarrt zu 95% eutektisch (dünnflüssig, für feine Lötarbeiten), L-Sn30 (30% Sn, 70% Pb), bei niedriger Arbeitstemperatur (190 °C dünnflüssig besitzt großes Erstarrungsintervall (für großflächige Lötarbeiten).

Hauptanwendungen der Zinnlegierungen betreffen die Tribotechnik (Lagermetalle), die Fügetechnik (Lote) und den Korrosionsschutz von Metallen durch Verzinnen (z. B. Weißblech).

3.4.7 Zink

Gewinnung aus (einheimischer) Zinkblende (Wurtzit, ZnS) durch Aufbereiten (Flotation) Rösten, Reduktion mit Kohle und Kondensation des zunächst als Metalldampf entstandenen Zn in der Ofenvorlage; alternativ durch Auslaugung des Erzes und Elektrolyse.

Zink ist ein Schwermetall mit hexagonaler Gitterstruktur, guten Gusseigenschaften, anisotropen Verformungseigenschaften. Durch Zinkhydrogenkarbonat-Deckschichtbildung ausgezeichnete Beständigkeit gegen atmosphärische Korrosion. Negatives Potenzial gegen Fe in wässrigen Lösungen begründet guten Korrosionsschutz auf Stahl (Feuerverzinkung, galvanische Verzinkung) als „Opferanode" (Abtrag von Zn statt Fe).

Zinklegierungen mit technischer Bedeutung sind vor allem die aus Feinzink (99,9 bis 99,95% Zn) hergestellten Gusslegierungen, die 3,5 bis 6% Al sowie bis zu 1,6% Cu zur Erhöhung der Festigkeit durch Mischkristallbildung und 0,02 bis 0,05% Mg zur Verhinderung interkristalliner Korrosion enthalten.

Hauptanwendungsgebiete sind neben der Feuerverzinkung von Stahl (ca. 40% der Zinkproduktion) vor allem der allgemeine Maschinenbau (z. B. Zn-Druckguss für kleinere Maschinenteile und Gegenstände komplizierter Gestaltung) sowie das Bauwesen (z. B. Bleche für Dacheindekkungen, Dachrinnen, Regenrohre). Zink ist toxisch: das Lebensmittelgesetz verbietet die Verwendung von Zinkgefäßen zum Zubereiten und Aufbewahren von Nahrungs- und Genussmitteln.

3.4.8 Blei

Gewinnung aus Bleiglanz (PbS) durch Aufbereiten (Flotation zur Pb-Anreicherung), Rösten, Schachtofenschmelzen und Raffination.

Blei lässt sich wegen seines kubisch flächenzentrierten Gitters gut verformen, sowie außerdem gut gießen, schweißen und löten. Da die Rekristallisationstemperatur bei Raumtemperatur liegt, ist die Festigkeit sehr gering und die Neigung zum Kriechen hoch. Blei ist gegen Schwefelsäure beständig, da es unlösliche Bleisulfate bildet, die weiteren Korrosionsangriff ausschließen. Wegen seiner hohen Massenzahl ist Blei ein wirksamer Strahlenschutz für Röntgengeräte und radioaktive Stoffe.

Zusatz von Legierungsbestandteilen (Sb, Sn, Cu) erhöht die Festigkeit durch Mischkristallbildung und Aushärtung und verbessert die Korrosionsbeständigkeit. Bei der Blei-Antimon-Legierung Hartblei sind bei Raumtemperatur 0,24% Sb im Mischkristall löslich, im Eutektikum ca. 3% Sb. Hauptanwendungsgebiete sind die Kraftfahrzeugtechnik (50% des Pb-Verbrauchs für Starterbatterien), die Elektrotechnik (z. B. Bleikabel), der chemische Apparatebau (Beschichtungslegierungen) und der Strahlenschutz. Blei und seine Verbindungen sind stark toxisch; die Verwendung von bleihaltigen Legierungen im Nahrungs- und Genussmittelwesen ist verboten.

4 Anorganisch-nichtmetallische Werkstoffe

4.1 Mineralische Naturstoffe

Die in technischen Anwendungen verwendeten anorganischen Naturstoffe sind Minerale oder zumeist Gesteine, d. h. Aggregate kristalliner oder amorpher Minerale aus der (zugänglichen) Erdkruste. Minerale werden nach ihrer chemischen Zusammensetzung in neun Mineralklassen klassifiziert und nach ihrer Härte gemäß der Mohs'schen Härteskala gekennzeichnet, siehe Tabelle 4-1. Nach Mohs liegt die Härte eines Minerals zwischen der Härte des Skalenminerals, von dem es geritzt wird und derjenigen des Minerals, das es selbst ritzt. Die qualitative Härteskala nach Mohs lässt sich durch quantitative Härtemessungen (siehe 11.5.3) ergänzen [1], deren Mittelwerte für die Minerale der Mohsskala annähernd eine geometrische Folge bilden. (Im Mittel Multiplikation der Härtewerte mit dem Faktor 1,6 beim Übergang von einer Mohs-Härtestufe zur nächsthöheren.)

Tabelle 4-1. Minerale und ihre Härtewerte [1]

Mineral	Härtestufe nach Mohs	Härtemesswerte[a]	Geometr. Folge (Stufung 1,6)
Talk	1	20 … 56	47
Gips	2	36 … 70	75
Kalkspat	3	115 … 140	119
Flussspat	4	175 … 190	191
Apatit	5	300 … 540	305
Orthoklas	6	470 … 620	488
Quarz	7	750 … 1 280	781
Topas	8	1 200 … 1 430	1 250
Korund	9	1 800 … 2 020	2 000
Diamant	10	(7 575 … 10 000)	(>4 000)

[a] nach Vickers und Knoop (Einheit: HV bzw. HK)

Ein Gestein ist durch die vorhandenen Minerale und sein Gefüge gekennzeichnet. Nach ihrer Entstehung unterscheidet man (vgl. Tabelle 4-2):

– Magmatische Gesteine, z. B. die Plutonite (Tiefengesteine) Granit, Syenit, Diorit, Gabbro; die schwach metamorphen (alten) Vulkanite (Ergussgesteine) Quarzporphyr, Porphyrit, Diabas, Melaphyr und jungen Vulkanite Trachyt, Andesit, Basalt;
– Sedimentgesteine, z. B. Sandsteine, Kalksteine und Dolomite, Travertin (Kalksinter), Anhydrit, Gips, Steinsalz, sowie unverfestigte Sedimente, z. B. Sande, Kiese, Tone und Lehme;
– Metamorphe Gesteine, z. B. Quarzit, Quarzitschiefer, Gneise, Glimmerschiefer, Marmor.

Die Dichte der Natursteine liegt zwischen ca. 2,0 und 3,2 kg/dm^3. Ihre Biegefestigkeit beträgt infolge Sprödigkeit und Kerbempfindlichkeit nur etwa 5 bis 20% der Druckfestigkeit.

4.2 Kohlenstoff

Reiner Kohlenstoff in den mineralisch vorkommenden Modifikationen Diamant und Graphit sowie als glasartiger Kohlenstoff oder Faser ist ein elementarer mineralischer bzw. künstlicher Stoff. Die Eignung

neuartiger kugelförmiger Kohlenstoffmodifikationen (*Fullerene*) als technische Materialien steht derzeit noch dahin.

Diamant

Bei der Diamantstruktur ist jedes C-Atom durch vier tetraedrisch angeordnete sehr feste kovalente Bindungen an seine vier nächsten Nachbarn gebunden. Sie kann synthetisch erst bei hohen Drücken über 4 GPa (= 40 kbar) und Temperaturen über 1400 °C hergestellt werden. Diamant zeichnet sich aus durch:

– extrem hohe Härte, siehe Tabelle 4-1;
– hohe Schmelztemperatur;
– hohen spezifischen elektrischen Widerstand;
– ausgezeichnete chemische Beständigkeit;
– hohe Wärmeleitfähigkeit.

Technische Anwendung findet Diamant hauptsächlich als Hochleistungsschneidstoff zur Bearbeitung harter Werkstoffe und als Miniaturlager in der Feinwerktechnik.

Graphit

Graphit kristallisiert in einer hexagonalen Schichtstruktur, wobei der Kohlenstoff innerhalb der Basisebenen überwiegend kovalent gebunden ist. Zwischen den Schichten besteht eine quasimetallische Bindung. Graphit hat eine geringere Dichte und Festigkeit als Diamant und weist folgende Anisotropien auf:

– Der Wärmeausdehnungskoeffizient parallel zu den Basisebenen ist negativ, senkrecht dazu positiv.
– Die elektrische Leitfähigkeit parallel zu den Schichten ist ca. um den Faktor 5000 größer als senkrecht dazu.
– Die Schichten des Graphitgitters gleiten bei Schubbeanspruchung leicht gegeneinander ab, sodass Graphit als Festschmierstoff geeignet ist. (Für das leichte Abgleiten ist jedoch die Anwesenheit von Wasserdampf erforderlich.)

Angewendet wird Graphit z. B. in der Elektrotechnik (Elektroden- und Schleifkontakte) sowie im Reaktorbau (Moderatormaterial mit ausgezeichnetem Bremsvermögen für schnelle Neutronen) und in der Elektrotechnik (Elektroden- und Kollektormaterial).

Tabelle 4-2. Technisch bedeutsame Natursteine

Für die Kennzeichnung der wichtigeren magmatischen Gesteine hinsichtlich ihres Mineralbestandes genügen sieben silikatische *Minerale* bzw. Mineralgruppen: a) Helle Minerale (sämtlich Gerüstsilikate): 1. *Plagioklase* (Mischkristallreihe Albit („sauer") – Anorthit („basisch"), $Na[AlSi_3O_8]$-$Ca[Al_2Si_2O_8]$; 2. Alkalifeldspäte (*Orthoklas*, $K[AlSi_3O_8]$,u. a.); 3. *Quarz*, SiO_2. Dunkle Minerale: 4. Dunkelglimmer (Dreischichtsilikate: *Biotit*, $K(Mg, Fe)_3[(OH)_2][Si_3AlO_{10}]$, u. a.); 5. Amphibole (Doppelkettensilikate: *Hornblende* u. a.); 6. *Pyroxene* (Kettensilikate: monoklines *Klinopyroxen* (*Augit*, $(Ca)(Mg, Fe, Al)[(Si, Al)_2O_6]$, u. a.) und rhombisches *Orthopyroxen*; 7. *Olivin*, $(Mg, Fe)_2[SiO_4]$, ein Inselsilikat. – Die Carbonate *Calcit*, $CaCO_3$, und *Dolomit*, $CaMg(CO_3)_2$, bauen den größten Teil der chemischen Sedimente auf.

Gesteinsart	wesentliche Mineralbestandteile (Hauptgemengeteile)	Druckfestigkeit MPa	Technische Verwendung
Granit	Kalifeldspat, Plagioklas, Quarz, Biotit; Hornblende	80...270	Monumentalarchitektur, Fassaden- und Bodenplatten;
Syenit	Orthoklas, Hornblende, Biotit	150...200	Pflastersteine; Schotter
Diorit	Plagioklas, Hornblende, Biotit; Augit	180...240	
Gabbro	Plagioklas, Klinopyroxen, Orthopyroxen, Olivin	100...280	Schotter, Splitt, Pflastersteine, Bausteine
Quarzporphyr	granitische Matrix mit Quarz- und Orthoklas-Einsprenglingen	190...350	Schotter, Splitt, Mosaikpflaster, Pflastersteine
Diabas	Plagioklas, Augit, Magnetit- oder Titaneisenerz; Olivin	130...300	Schotter, Splitt, Werkstein, Gesteinsmehl
Melaphyr	Plagioklas, Pyroxen; Olivin	120...380	Schotter, Splitt, Pflastersteine
Basalt	Plagioklas, Pyroxen	100...580	Schotter, Splitt, Pflastersteine
Kalkstein	Calcit	25...190	Baustoff, Kalkbrennen
Dolomit[stein]	Dolomit	50...160	Schotter, Baustein
Grauwacke	Quarz, Feldspat, (Gesteinsbruchstücke)	180...360	Schotter, Splitt, Pflastersteine
[Quarz-] Sandstein	Quarzsand	15...320	Hochbau (historisch wichtiger Bau- und Werkstein in Mitteleuropa)
Marmor	metamorph umgewandelter Calcit oder Dolomit	40...280	polierte Platten für Innenausbau; Bildhauerstein

Glasiger Kohlenstoff

Kohlenstoff-Modifikationen mit amorpher Verteilung der C-Atome, die durch thermische Zersetzung organischer Kohlenstoffverbindungen (z. B. Zellulose) und anschließendes Sintern der Zersetzungsprodukte erhalten werden. Anwendung z. B. als gasdichter und korrosionsbeständiger Hochtemperaturwerkstoff im Apparatebau.

Kohlenstofffasern (Carbonfasern)

Hochfeste C-Fasern, die ähnlich wie glasiger Kohlenstoff durch Pyrolyse organischer Kohlenstoffverbindungen in Inertgas erhalten werden, haben ein hohes Festigkeits-Dichte-Verhältnis und werden in Hochleistungs-Faser-Verbundwerkstoffen zur Erhöhung der Zugfestigkeit verwendet (siehe 6.2).

4.3 Keramische Werkstoffe

Keramische Werkstoffe sind anorganisch-nichtmetallische Materialien mit Atom- und Ionenbindung, deren komplexes kristallines Gefüge durch Sintern erzeugt wird. Die Einteilung keramischer Werkstoffe kann nach folgenden Kriterien geschehen:

– Chemische Zusammensetzung: Silicatkeramik, Oxidkeramik, Nichtoxidkeramik;

– Größe der Gefügebestandteile: Grobkeramik, Feinkeramik (Gefügeabmessungen kleiner als 0,2 mm);
– Dichte und Farbe: Irdengut (porös, farbig), Steingut (porös, hell), Steinzeug (dicht, farbig), Porzellan (dicht, hell);
– Anwendungsbereiche: Zierkeramik, Geschirrkeramik, Baukeramik, Feuerfestkeramik, Chemokeramik, Mechanokeramik, Reaktorkeramik, Elektrokeramik, Magnetokeramik, Optokeramik, Biokeramik, Piezokeramik, Funktionskeramik.

4.3.1 Herstellung keramischer Werkstoffe

Keramische Werkstoffe werden aus natürlichen Rohstoffen (Silicatkeramik) oder aus synthetischen Rohstoffen (Oxid- und Nichtoxidkeramik) durch die Verfahrensschritte (a) Pulversynthese, (b) Masseaufbereitung, (c) Formgebung, (d) Sintern, (e) Endbearbeiten hergestellt, vgl. Bild 4-1.
Für die Herstellungstechnologien technischer (Hochleistungs-)Keramik sind u. a. folgende Gesichtspunkte von Bedeutung: Verwendung hochreiner, feiner Pulver mit großer reaktiver Oberfläche,

Überführen der zu verpressenden Pulver durch spezielle Trocknungsmethoden in gut verarbeitbares Granulat, individuelles Anpassen des Sinterpressens (Aufheizrate, Haltezeiten, Temperatur, Atmosphäre) an das betreffende Material, Berücksichtigung notwendiger Maßtoleranzen für die Nachbearbeitung zum Optimieren der Oberflächengüte.

4.3.2 Silicatkeramik

Keramische Werkstoffe auf silikatischer Basis, wie Steinzeug, Porzellan, Schamotte, Silikasteine, Steatit, Cordierit, sind seit langem in der technischen Anwendung bekannt. Sie werden als tonkeramische Werkstoffe meist aus dem Rohstoffdreieck Quarz-Ton-Feldspat entsprechend den Dreistoffsystemen SiO_2-Al_2O_3-K_2O (oder CaO, MgO, Na_2O) gebildet. Die pulverisierten Feststoffe werden mit einer genau zu bemessenden Menge Wasser zu einer bei Raumtemperatur knetbaren Masse (bzw. einem dünnflüssigen „Schlicker") verarbeitet, durch Drehen oder Pressen einer Bauteil-Formgebung unterzogen und getrocknet. Beim Brennen und nachfolgendem

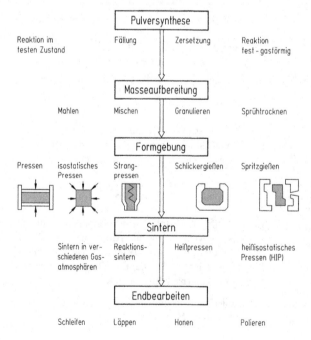

Bild 4-1. Herstellungsverfahren für keramische Werkstoffe (schematische Übersicht). Bei der Silicatkeramik entfallen die Schritte Pulversynthese und Endbearbeiten

Abkühlen bildet sich durch Stoffumwandlungen und Flüssigphasensintern ein Verbund von „Mullit-Phasen" ($3\,Al_2O_3 \cdot 2\,SiO_2$) in einer glasigen Matrix. Eventuell vorhandene Poren werden durch Glasieren geschlossen. Abhängig von den Anteilen der Grundstoffe und den Verfahrensbedingungen erhält man Steingut, Steinzeug, Weichporzellan, Hartporzellan oder technisches Porzellan, siehe Bild 4-2. Steingut und Porzellan werden als Isolierstoffe in der Elektrotechnik angewendet. Sie sind temperaturwechselbeständig, jedoch spröde, die Druckfestigkeit ist bis zu 50mal höher als die Zugfestigkeit.

Feuerfestwerkstoffe sind keramische Werkstoffe mit besonders hoher Schmelz- oder Erweichungstemperatur, Temperaturwechselfestigkeit und chemischer Beständigkeit. Man unterscheidet (Massenanteile in %):

– Schamottsteine ($55\ldots75\%$ SiO_2 $20\ldots45\%$ Al_2O_3), Verwendung bis etwa 1670 °C im Ofenbau;

– Silikasteine (ca. 95% SiO_2, 1% Al_2O_3), Verwendung bis etwa 1700 °C auch in aggressiven Medien;

– Sillimanit- und Mullitsteine enthalten als hochtonerdeführende Materialien 60 bis 70 bzw. 72 bis 75 Gew.-% Al_2O_3, Verwendung bis etwa 1900 °C wegen ihrer hochtemperaturfesten Mullitphase.

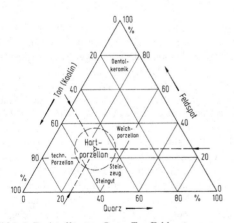

Bild 4-2. Dreistoffsystem Quarz-Ton-Feldspat

Weitere technisch wichtige Silicatkeramiken:

– Steatit (Hauptrohstoffe: Speckstein $3\,MgO \cdot 4\,SiO_2$ $\cdot\,H_2O$, < 15% Steingutton, < 10% Feldspat), etwa doppelte Festigkeit von Hartporzellan und gute Wärmebeständigkeit, Verwendung z. B. in der Hochfrequenztechnik (kleine dielektrische Verluste) oder als Träger für Heizwicklungen und Zündkerzen.

– Cordierit (Ringsilikat der Zusammensetzung $2\,MgO \cdot 2\,Al_2O_3 \cdot 5\,SiO_2$), sehr niedriger Wärmeausdehnungskoeffizient, hohe Temperatur-Wechselbeständigkeit.

4.3.3 Oxidkeramik

Oxidkeramische Werkstoffe sind polykristalline glasphasenfreie Materialien aus Oxiden oder Oxidverbindungen. Aufgrund der hohen Bindungsenergie der Oxide sind die Verbindungen sehr stabil (hohe Härte und Druckfestigkeit), meist elektrisch isolierend und chemisch resistent. Wichtige Vertreter:

– Oxide (Aluminiumoxid Al_2O_3, Zirconiumoxid ZrO_2, Titandioxid TiO_2, Berylliumoxid BeO, Magnesiumoxid MgO)

– Titanate

– Ferrite

Aluminiumoxid (Al_2O_3), die technisch wichtigste Oxidkeramik, kristallisiert in seiner stabilen ionisch gebundenen α-Phase (Korund) in hexagonal dichtester Kugelpackung von O-Atomen, in der Al-Ionen $2/3$ der oktaedrischen Lücken besetzen. Mit dem Al-Gehalt (z. B. 85, 99, 99,7%) steigt die Druckfestigkeit (1800, 2000, 2500 MPa), der spezifische elektrische Widerstand ($4 \cdot 10^4$, $5 \cdot 10^7$, $4 \cdot 10^8\,\Omega \cdot m$ bei 600 °C) und die maximale Einsatztemperatur (1300, 1500, 1700 °C) [2]. Die Verwendungsmöglichkeiten erstrecken sich damit von Feuerfestmaterial über chemisch oder mechanisch beanspruchte Teile, Isolierstoffe bis hin zu Schneidwerkzeugen, Schleifmitteln und medizinischen Implantaten. Transparentes Material für lichttechnische Zwecke lässt sich bei äußerster Reinheit und definiertem Gefüge erzeugen.

Noch höhere Schmelztemperaturen als Al_2O_3 (2050 °C) haben Zirconiumoxid (2690 °C), Berylliumoxid (2585 °C) und Magnesiumoxid (2800 °C).

Bei Zirconiumoxid treten mit steigender Temperatur folgende Strukturumwandlungen auf: monoklin → tetragonal (1000 bis 1200 °C, 8% Volumenabnahme), tetragonal → kubisch (2370 °C), kubisch → Schmelze (2690 °C). Die für kompakte Bauteile sehr nachteiligen temperaturabhängigen Formänderungen von ZrO_2-Bauteilen können durch Zusätze, z. B. von MgO, unterdrückt werden (teilstabilisiertes ZrO_2). Keramische Doppeloxide mit der allgemeinen Formel

$$MO \cdot Fe_2O_3 \text{ (z. B. } BaO \cdot Fe_2O_3, SrO \cdot Fe_2O_3)$$

und hexagonalem Gitter gehören zu den wichtigsten ferrimagnetischen Werkstoffen. Da im Ferritgitter ein Teil der Spinrichtungen kompensiert wird, ist ihre Sättigungspolarisation zwar kleiner als bei metallischen Magneten, die Koerzitivfeldstärke kann jedoch infolge der Kristallanisotropie mehr als dreifach so hoch sein. Ferritpulver ist technisch vielseitig einsetzbar und kann auch in Kunststoffschichten, wie z. B. in Tonbändern, eingelagert werden.

4.3.4 Nichtoxidkeramik

Nichtoxidkeramische Werkstoffe sind sogenannte Hartstoffe: Carbide, Nitride, Boride und Silicide. Sie haben im Allgemeinen einen hohen Anteil kovalenter Bindungen, die ihnen hohe Schmelztemperaturen, Elastizitätsmodulen, Festigkeit und Härte verleihen. Daneben besitzen viele Hartstoffe auch hohe elektrische und thermische Leitfähigkeit und Beständigkeit gegen aggressive Medien.

Siliciumcarbid, SiC, wird durch die Herstellungstechnologie gekennzeichnet, z. B. heißisostatisch gepresstes SiC (HiPSiC), gesintertes SiC (SSiC), Si-infiltriertes SiC (SiSiC). Sowohl heißgepresstes als auch gesintertes Material ist äußerst dicht, SiSiC enthält freies Si (Einsatztemperatur niedriger als Si-Schmelztemperatur). SiC kristallisiert in zahlreichen quasi-dichtegleichen Modifikationen mit ca. 90% kovalentem Bindungsanteil, z. B. multiple hexagonale bzw. rhomboedrische Strukturen (α-SiC) oder kubische (Zinkblende-)Strukturen (β-SiC). Wegen seiner hohen Härte, thermischen Leitfähigkeit und Oxydationsbeständigkeit (Bildung einer SiO_2-Deckschicht bis ca. 1500 °C) ist es für zahlreiche technische Anwendungen im Hochtemperaturbereich geeignet.

Siliciumnitrid, Si_3N_4, gibt es heißgepresst (HSPN), heiß isostatisch gepresst (HiPSN), gesintert (SSN),

reaktionsgebunden (RBSN). Durch Reaktionssintern können komplizierte Teile hoher Maßhaltigkeit (jedoch mit einer gewissen Porosität) hergestellt werden. Si_3N_4 kristallisiert mit ca. 70% kovalentem Bindungsanteil in quasi-dichtegleichen α- und β-Modifikationen hexagonaler Symmetrie, jedoch unterschiedlicher Stapelfolge. Technisch interessant ist die bis ca. 1400 °C beibehaltene Festigkeit und Kriechbeständigkeit und die beachtliche Temperaturwechselbeständigkeit. Wird ausgehend von Si_3N_4 ein Teil des Siliciums durch Aluminium und ein Teil des Stickstoffs durch Sauerstoff ersetzt, gelangt man zu festen Lösungen, die als SIALON bezeichnet werden. Diese sind aus (Si, Al)(N, O_4)-Tetraedern aufgebaut, die – ähnlich den β-Si_3N_4-Strukturen – über gemeinsame Ecken verknüpft sind. Infolge der variablen Zusammensetzung (ggf. auch Einbau anderer Elemente, wie Li, Mg oder Be) sind Eigenschaftsmodifizierungen möglich [3].

Werden Nichtoxidkeramiken, besonders Carbide (TiC, WC, ZrC, HfC), aber auch Nitride, Boride oder Silicide, in Metalle (bevorzugt Co, Ni oder Fe) eingelagert, erhält man sog. Hartmetalle. Sie werden durch Sintern hergestellt. Die Hartmetalle bilden eine interessante Übergangsgruppe zwischen anorganisch-nichtmetallischen Werkstoffen und den Metallen, gekennzeichnet durch Anteile kovalenter Bindung (hohe Schmelztemperatur, hohe Härte) und Metallbindung (elektrische Leitfähigkeit, Duktilität). Anwendung als Schneidstoffe und hochfeste Verschleißteile.

4.4 Glas

Gläser sind amorph erstarrte, meist lichtdurchlässige anorganisch-nichtmetallische Festkörper, die auch als unterkühlte hochzähe Flüssigkeiten mit fehlender atomarer Fernordnung aufgefasst werden können. Insofern spricht man von einem Glaszustand auch bei amorphen Metallen und Polymerwerkstoffen. Glas besteht aus drei Arten von Komponenten: 1. *Glasbildnern*: z. B. Siliciumdioxid, SiO_2; Bortrioxid, B_2O_3; Phosphorpentoxid, P_2O_5. 2. *Flussmitteln*: Alkalioxide, besonders Natriumoxid, Na_2O. 3. *Stabilatoren*: z. B. Erdalkalioxide, vor allem Calciumoxid, CaO. Die Glasstruktur ist ein unregelmäßig räumlich verkettetes Netzwerk bestimmter Bauelemente (z. B. SiO_4-Tetraeder), in das große Kationen eingelagert sind.

Nach der chemischen Zusammensetzung werden die verbreitetsten Gläser in folgende Hauptgruppen eingeteilt:

- Kalknatronglas ($Na_2O \cdot CaO \cdot 6\ SiO_2$): Gebrauchsglas, geringe Dichte (ca. $2,5\ kg/dm^3$), lichtdurchlässig bis zum nahen Infrarot (360 bis 2500 nm).
- Bleiglas (Na_2O, $K_2O \cdot PbO \cdot 6\ SiO_2$): Dichte (bis ca. $6\ kg/dm^3$), hohe Lichtbrechung, Grundwerkstoff für geschliffene Glaserzeugnisse (sog. Kristallglas).
- Borosilikatglas (70 bis 80% SiO; 7 bis 13% B_2O_3; 4 bis 8% Na_2O, K_2O; 2 bis 7% Al_2O_3) chemisch und thermisch beständig, Laborglas, „feuerfestes" Geschirr.

Glasfasern, Durchmesser ca. 1 bis 100 µm, erreichen wegen fehlender Oberflächenfehler nahezu maximale theoretische Zugfestigkeit, Verwendung als Verstärkungsmaterialien in Verbundwerkstoffen (z. B. glasfaserverstärkter Kunststoff, GFK).

Optisches Glas wird gekennzeichnet bzgl. Lichtbrechung durch die Brechzahl n ($n < 1,6$: niedrig brechend, $n > 1,6$: hochbrechend) und bzgl. der Farbzerstreuung (Dispersion) durch die Abbe'sche Zahl v (siehe 9.7). Für die Verwendung in optischen Geräten werden hauptsächlich unterschieden: Flintgläser ($v < 50$, große Dispersion) und Krongläser ($v > 55$, große Dispersion). Optische Filter mit unterschiedlichen Transmissions-, Absorptions- und Reflexionseigenschaften in bestimmten Wellenlängenbereichen werden durch Einbau von Verbindungen der Elemente Cu, Ti, V, Cr, Mn, Fe, Co, Ni erstellt.

Lichtleiter mit optisch hochbrechendem Kern und niedrigbrechendem Oberflächenbereich können als *Lichtwellenleiter* Licht durch Totalreflexion weiterleiten und werden zur breitbandigen Signalübertragung eingesetzt (ca. 30 000 parallele Telefonleitungen pro Faserstrang; Lichtverluste, d. h. Dämpfung < 0,2 dB/km).

4.5 Glaskeramik

Glaskeramische Werkstoffe sind polykristallines Material (z. B. Lithium-Alumo-Silicate), gewonnen durch Temperung speziell zusammengesetzter Gläser (partielle Kristallisation). Aus einer Glasschmelze werden durch Pressen, Blasen, Walzen oder Gießen Bauteile geformt und einer Wärmebehandlung unterworfen: Unterkühlen der hochschmelzende Keimbildner (meist TiO_2 und ZrO_2) enthaltenden Schmelze und anschließendes Tempern bei höherer Temperatur. Es entstehen in eine Glasmatrix eingebettete Kristalle mit besonderen optischen und elektrischen Eigenschaften oder geringer thermischer Ausdehnung und entsprechend hoher Temperaturwechselbeständigkeit. Der Kristallanteil im Volumen kann 50 bis 95% betragen. Die Anwendungsbereiche umfassen Wärmeschutzschichten für Raumfahrzeuge, hitzeschockfeste Wärmeaustauscher, große astronomische Spiegel mit mehreren m Durchmesser, hochpräzise Längennormale, Kochfelder und hitzebeständiges Geschirr.

4.6 Baustoffe

Die im Bauwesen angewendeten anorganisch-nichtmetallischen Stoffe lassen sich allgemein nach Bild 4-3 einteilen in:

- Naturbaustoffe (vgl. 4.1),
- Keramische Baustoffe (vgl. 4.3),
- Glasbaustoffe (vgl. 4.4),

sowie in die unter Mitwirkung von Bindemittel (z. B. Zement, Kalk, Gips) hergestellten Baustoffgruppen

- Mörtel,
- Beton,
- Kalksandstein,
- Gipsprodukte.

Neben den anorganisch-nichtmetallischen Stoffen finden im Bauwesen naturgemäß auch Baustoffe aus den anderen Stoffgruppen Verwendung: metallische Baustoffe (siehe 3), Kunststoffe (siehe 5) und Verbundwerkstoffe, wie z. B. Stahlbeton und Spannbeton (siehe 6.3).

4.6.1 Bindemittel

Anorganische Bindemittel sind pulverförmige Stoffe, die unter Wasserzugabe erhärten und zur Bindung oder Verkittung von Baustoffen verwendet werden. Die Verfestigung des Bindemittels beruht hauptsächlich auf chemischen und physikalischen Reaktionen (Hydratation, Carbonatbildung; Kristallisation). Durch Zugabe von Sand zum Bindemittel erhält man Mörtel, mit gröberen Zuschlägen Beton.

Man unterscheidet hydraulische und Luftbindemittel:

– Hydraulische Bindemittel (Zemente, hydraulisch erhärtende Kalke, Mischbinder, Putz- und Mauerbinder) können nach Wasserzugabe sowohl an der Luft als auch unter Wasser erhärten und sind nach dem Erhärten wasserfest. Die Erhärtung beruht auf Hydratationsvorgängen von vorwiegend silikatischen Bestandteilen.
– Luftbindemittel (Luftkalke, Baugipse, Anhydritbinder und Magnesitbinder) erhärten nur an der Luft und sind nach dem Erhärten nur an der Luft beständig. Die Erhärtung beruht bei Luftkalk auf der Bildung von $CaCO_3$ und bei den übrigen Bindemitteln hauptsächlich auf Hydratationsvorgängen.

4.6.2 Zement

Zement, das wichtigste Bindemittel von Baustoffen, wird hauptsächlich durch Brennen von Kalk und Ton (z. B. Mergel) und anschließendes Vermahlen des Sinterproduktes in Form einer pulvrigen Masse (Teilchengröße 0,5 bis 50 µm) erhalten, das bei Wasserzugabe erhärtet und die umgebenden Oberflächen anderer Stoffe miteinander verklebt. Die wichtigsten Phasen des Zements, ihre Massenanteile und charakteristischen Eigenschaften sind:

– Tricalciumsilikat, $3\,CaO \cdot SiO_2$ (40 bis 80%), schnelle Erhärtung, hohe Hydratationswärme;
– Dicalciumsilikat, $2\,CaO \cdot Si_2$ (0 bis 30%), langsame, stetige Erhärtung, niedrige Hydratationswärme;
– Tricalciumaluminat, $3\,CaO \cdot Al_2O_3$ (7 bis 15%), schnelle Anfangserhärtung, anfällig gegen Sulfatwasser;
– Tetracalciumaluminatferrit, $4\,CaO \cdot Al_2O_3 \cdot Fe_2O_3$ (4 bis 15%), langsame Erhärtung, widerstandsfähig gegen Sulfatwasser.

Diese Verbindungen gehen bei Wasserzugabe in Hydratationsprodukte (z. B. amorphes Calciumsilikathydrat und kristallines Calciumhydroxid) über, die geringe Wasserlöslichkeit, kleine Teilchendurchmesser (unter 1 µm) und nach Aushärtungszeiten von 28 Tagen Druckfestigkeiten von 25 bis 55 MPa aufweisen. Zement ist in DIN 1164-10, DIN EN 197-1 als Portlandzement (PZ), Eisenportlandzement, (EPZ), Hochofenzement (HOZ) und Trasszement (TrZ) genormt. Ein Gemisch aus Zement, Sand und Wasser wird als (Zement-)Mörtel bezeichnet.

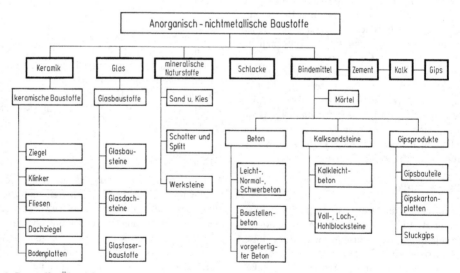

Bild 4–3. Baustoffe: Übersicht

4.6.3 Beton

Beton ist ein Gemenge aus mineralischen Stoffen verschiedener Teilchengröße, (gekennzeichnet durch „Sieblinien") z. B. Sand: 0,06 bis 2 mm; Kies: 2 bis 60 mm; Bindemittel Zement: 0,1 bis 10 μm und Wasser, das nach seiner Vermischung formbar ist, nach einer gewissen Zeit abbindet und durch chemische Reaktionen zwischen Bindemittel und Wasser erhärtet. Durch unterschiedliche Teilchengröße der Betonbestandteile wird eine große Raumausfüllung und hohe Dichte des Betons erzielt: die Zwischenräume zwischen dem Kies werden durch Sand gefüllt, die Zwischenräume der Sandkörner durch Zement, der dabei das Verkleben von Sand und Kies übernimmt. Beton lässt sich durch seine guten Form- und Gestaltungsmöglichkeit und seine hohe Witterungs- und Frostbeständigkeit als Baustoff vielfältig einsetzen. In mechanischer Hinsicht ist er durch eine hohe Druckfestigkeit und eine geringe Zugfestigkeit gekennzeichnet. Je nach Druckfestigkeit, deren Prüfung aufgrund der großen Abmessungen der Gefügebestandteile des Betons mit relativ großen Probenkörperabmessungen durchgeführt werden muss (Würfel von 20 cm Kantenlänge, Korngröße < 4 cm) werden verschiedene Festigkeitsklassen (Druckfestigkeit 5 bis 55 MPa) unterschieden. „Hochfester Beton" wird durch Reduzierung des Porenanteils entwickelt, sein Anwendungspotenzial liegt in der Reduzierung von Bauwerksabmessungen. Die Betonarten werden gemäß Rohdichte eingeteilt in

– Leichtbeton, Rohdichte < 2,0 kg/dm³;
– Normalbeton, Rohdichte 2,0 bis 2,8 kg/dm³;
– Schwerbeton, Rohdichte > 2,8 kg/dm³.

Die beim Austrocknen von Beton an Luft auftretende Schwindung (ca. 0,5%) kann durch Zusatz von Gips ($CaSO_4$) kompensiert werden.

4.7 Erdstoffe

Erdstoffe oder Böden sind Zweiphasengemische aus mineralischen Bestandteilen und Wasser oder Dreiphasensysteme aus Mineral- und Gesteinsbruchstücken, Wasser und Luft. Sie stellen die oberste, meist verwitterte Schicht der Erdkruste dar und heißen auch *Lockergestein*:

– Steine: Abmessungen > 60 mm;
– Kies: grob, 20 bis 60; mittel, 6 bis 20; fein, 2 bis 6 mm;
– Sand: grob, 0,6 bis 2; mittel, 0,2 bis 0,6; fein, 0,06 bis 0,2 mm;
– Schluff: grob, 0,02 bis 0,06; mittel, 0,006 bis 0,02; fein, 0,002 bis 0,006 mm;
– Ton: Korngröße < 0,002 mm.

Erdstoffe kommen in verschiedenen Konsistenzen und Verdichtungsgraden vor. So besitzen z. B. Ton und Mergel Carbonatgehalte von 0 bis 10, bzw. 50 bis 70%, während Lehm ein natürliches Gemisch aus Ton und feinsandigen bis steinigen Bestandteilen darstellt. Nach ihrem stofflichen Zusammenhalt werden Erdstoffe in zwei große Gruppen eingeteilt:

(a) Kohäsionslose Erdstoffe, z. B. Steine, Kiese, Sande, Grobschluffe, die keinen merklichen Tonanteil haben und deren „Festigkeit" durch Reibung zwischen den körnigen Bestandteilen bestimmt wird. Bei ihrer Verformung unterscheidet man drei Verformungsanteile:

– Gegenseitige Verschiebung der Körner (psammischer Anteil), im Wesentlichen bestimmt durch die Dichte;
– elastische Verformung der Körner;
– Kornbruch, vornehmlich an Berührungsflächen.

(b) Kohäsive Erdstoffe, z. B. Schluffe, Tone, Mischböden, deren Zusammenhalt durch Rohton, bzw. verwitterte Feldspäte verursacht wird. Bei kohäsiven (bindigen) Böden hat Wasser wesentlichen Einfluss auf die Stoffeigenschaften.
Erdstoffe bilden *Baugrund*, wenn sie im Einflussbereich von Bauwerken stehen und sind *Baustoffe*, wenn aus ihnen Bauwerke, z. B. Erddämme oder Deponieabdichtungen hergestellt werden. Bei dynamischer Belastung, z. B. Schwingungen von Fundamenten oder Ausbreitung von Erschütterungen im Boden, kann der Boden i. Allg. als elastisch und viskos angesehen werden. Die Bodengruppen sind in DIN 18 196, Baugrunduntersuchungsmethoden in DIN 18 123 sowie 18 124, 18 126, 18 127 genormt.

5 Organische Stoffe; Polymerwerkstoffe

5.1 Organische Naturstoffe

Organische Naturstoffe bestehen aus chemischen Verbindungen, die von Pflanzen oder Tieren erzeugt werden. Eine Zwischenstellung nehmen Polymere für technische Anwendungen ein, die von Mikroorganismen synthetisiert werden, z. B. Polyhydroxybuttersäure, Xanthan. Die technisch wichtigsten organischen Naturstoffe sind Holz und Holzwerkstoffe sowie Fasern.

5.1.1 Holz und Holzwerkstoffe

Holz ist ein natürlicher Verbundwerkstoff, der in seinem molekularen Aufbau im Wesentlichen aus Zellulosefasern (40 bis 60%), den „Bindemitteln" Lignin (ca. 20 bis 30%, besonders in Nadelhölzern) und Hemizellulose (10 bis 30%, besonders in Laubhölzern) gebildet wird und hauptsächlich die chemischen Elemente Kohlenstoff (49%), Sauerstoff (44%) und Wasserstoff (6%) enthält. Die Ligninmoleküle sind räumlich mit den Zellulose- und Hemizellulosemolekülen vernetzt und bedingen dadurch die gute Druckfestigkeit des Holzes. Die mikroskopische Struktur von Holz ist gekennzeichnet durch lang gestreckte, röhrenförmige, über Tüpfel miteinander verbundene Zellen, die als Leitgewebe zum Transport von Wasser und Mineralstoffen beitragen und als Festigungsgewebe mehrachsige Spannungen aufnehmen können [1]. Im makroskopischen Stammquerschnitt schließen sich an das Markzentrum (wenige mm Durchmesser) das Kernholz (abgestorbene, wasserarme Zellen), das Splintholz (lebende, wassertransportierende Zellen), das Kambium (teilungsaktive Zellen), der Bast (Innenrinde) und die Borke als Außenrinde an, siehe Bild 5-1. Die jahreszeitlich bedingten periodischen Änderungen der Teilungstätigkeiten des Kambiums sind in Form von unterschiedlich strukturierten Dickenzuwachszonen als Jahresringe erkennbar.
Hölzer besitzen geringe Dichte und günstige Zugfestigkeits-Dichte-Verhältnisse. Die Festigkeit ist jedoch stark richtungsabhängig:
In der Faserachse beträgt die Zugfestigkeit etwa das Doppelte der Druckfestigkeit, die Querzugfestigkeit

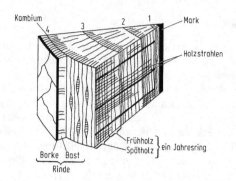

Bild 5-1. Holz: Stammquerschnitt und struktureller Aufbau (vereinfachte Darstellung für einen vierjährigen Trieb eines Nadelbaums)

etwa ein Fünfzigstel der axialen Zugfestigkeit und die Querdruckfestigkeit etwa ein Zwanzigstel der axialen Druckfestigkeit.
Bei *Holzwerkstoffen* wird die Anisotropie der Eigenschaften des gewachsenen Holzes durch schubfeste Verleimung fasergekreuzter Schichten teilweise ausgeglichen. Holzwerkstoffe bestehen aus zerkleinertem Holz, das unter Druck und Wärme mit Bindemitteln zu Platten oder Formteilen verpresst wird. Unter *Sperrholz* werden alle Platten aus mindestens drei aufeinandergeleimten Holzlagen verstanden, deren Faserrichtungen vorzugsweise um 90° gegeneinander versetzt sind. Sperrholz mit zwei Furnierdecklagen und einer Holzleistenmittellage wird als *Tischlerplatte*, Sperrholz, das nur aus Furnierlagen besteht, als *Furnierplatte* bezeichnet.
Bei *Faserplatten* ist die Holzsubstanz in einem mehrstufigen Mahlprozess bis zur Faser aufgelöst. Der Faserstoff wird im Nass- oder Trockenverfahren zu Platten verschiedenen Typs verarbeitet. *Spanplatten* sind Holzwerkstoffe, die aus Spänen von Holz oder anderen verholzten Pflanzenteilen (Biomasse) mit Kunstharzen (z. B. Melamin, Isocyanat) als Bindemittel hergestellt sind. Neben Kunstharzen werden auch Zement oder Gips als Bindemittel verwendet.
Die Eigenschaften von Holzwerkstoffen lassen sich durch die Herstellungstechnologien und die verwendeten Stoffanteile in weiten Grenzen variieren, wobei jedoch i. Allg. die Festigkeitseigenschaften von Holzwerkstoffen unter denen des gewachsenen Holzes in Faserrichtung bleiben. Während Faserplatten nur eine geringe Dimensionsstabilität aufweisen, zeichnen

sich Furnierplatten durch günstige Festigkeits-Gewichts-Verhältnisse aus. Zu den Vorzügen von Spanplatten gehören der Einsatz feuchtebeständiger Klebstoffe, Steuerung der Festigkeitseigenschaften durch Kombination bestimmter Fertigungsparameter (Rohdichte, Verdichtungsprofile, Beleimungsfaktoren usw.), Einarbeitung von insektiziden und fungiziden Holzschutzmitteln und Feuerschutzmitteln. Mit der sog. OSB-Technik (oriented structural board) kann durch Spanorientierung eine erhebliche Festigkeitssteigerung erzielt werden, sodass bei gleicher Dichte die Festigkeitswerte von fehlerfreiem Nadelholz annähernd erreicht werden [2].

5.1.2 Fasern

Fasern sind lang gestreckte Strukturen geringen Querschnitts mit paralleler Anordnung ihrer Moleküle oder Kristallbereiche und daraus resultierender guter Flexibilität und Zugfestigkeit.

Organische Naturfasern werden eingeteilt in:

(a) Pflanzenfasern:
  - Pflanzenhaare: Baumwolle, (Anteil an der Faserstoff-Weltproduktion ca. 50%), Kapok;
  - Bastfasern: Flachs, Hanf, Jute, Kenaf, Ramie, Ginster;
  - Hartfasern: Manila, Alfa, Kokos, Sisal;
(b) Tierfasern:
  - Wolle und Haare: Schafwolle, Alpaka, Lama, Kamel, Kaschmir, Mohair, Angora, Vikunja, Yak, Guanako, Rosshaar;
  - Seiden: Naturseide (Maulbeerspinner), Tussahseide.

Chemiefasern aus natürlichen Polymeren gliedern sich in:

(a) Zellulosefasern:
  - aus regenerierter Zellulose: Viskose, Cupro, Modal, Papier;
  - aus Zelluloseresten: Acetat, Triacetat;
(b) Eiweißfasern:
  - aus Pflanzeneiweiß: Zein;
  - aus Tiereiweiß: Kasein.

Der Hauptbestandteil aller Pflanzenfasern und der wichtigsten Chemiefasern aus natürlichen Polymeren ist Zellulose, ein Polysaccharid (siehe C 12.5.3). Wollfasern bestehen zu mehr als 80% aus (hygroskopischen) α-Keratinen (Hornsubstanzen in

Form hochmolekularer Eiweißkörper), die in den Zellen der Haarrindenschicht in Form von Fibrillen vorliegen. Seidenfasern bestehen zu ca. 75% aus Fibroin, einem Eiweißstoff der in den Spinndrüsen des Seidenspinners gebildet wird und zu ca. 25% aus dem, die sehr feinen Fibroinfibrillen (ca. 20 nm Durchmesser) umhüllenden kautschukähnlichem Eiweißstoff Sericin.

Hauptverwendungsgebiete von Fasern sind die Bereiche Textilien und Papier. Textilrohstoffe sind nach dem Textilkennzeichnungsgesetz Fasern, die sich verspinnen oder zu textilen Flachgebilden verarbeiten lassen.

5.2 Papier und Pappe

Papier ist ein aus Pflanzenfasern durch Verfilzen, Verleimen und Pressen hergestellter flächiger Werkstoff. Rohstoffe sind vor allem der durch Schleifen von Holz gewonnene Holzschliff und der durch chemischen Aufschluss von Holz erhaltene Zellstoff. Beide Stoffe haben die Eigenschaft, sich beim Austrocknen aus wässriger Suspension zu verfilzen und dann über die OH-Gruppen der Zellulose durch Wasserstoffbrückenbindungen fest zu verbinden. Füllstoffe (z. B. Kaolin oder Titandioxid) und Leimstoffe (z. B. Harzseifen) verbessern Weißgrad, Oberflächengüte und Flüssigkeitseindringungswiderstand; Zusätze von Kunstharz, Tierleim, Wasserglas und Stärke erhöhen Nassfestigkeit, Härte, Glätte sowie Zug- und Falzfestigkeit.

Papier hat i. Allg. Flächengewichte zwischen 7 und 150 (225) g/m^2. Über 225 g/m^2 sprechen die europäischen Normen (vgl. DIN 6730) von Pappe. Im deutschen Sprachraum kennt man daneben den Karton (ca. 150 bis 600 g/m^2).

Die Papier- und Pappsorten werden nach dem Hauptanwendungszweck in fünf Hauptgruppen mit unterschiedlichen prozentualen Anteilen an der Produktionsmenge unterteilt:

- Graphische Papiere (ca. 45%): Schreib- und Druckpapiere (holzfrei: überwiegend aus Zellstoff gearbeitet; holzhaltig: überwiegend aus Holzschliff gefertigt), Tapetenrohpapiere, Banknotenpapiere, usw.,
- Papier für Verpackungszwecke (ca. 25%): Packpapier, Pergaminpapier usw.,

– Karton und Pappe für Verpackungszwecke (ca. 18%): Vollpappen, Graukarton, Lederpappen, Handpappen usw.,
– Hygienepapiere u. ä. (ca. 7%): Zellstoffwatte, Toilettenpapier, Papiertaschentücher usw.,
– Technische Papiere und Pappen (ca. 5%): Kondensatorpapier, Kohlepapier, Filtrierpapier, Filzpappen, Pressspanpappen, Kofferpappen usw.

5.3 Polymerwerkstoffe: Herstellung

Polymerwerkstoffe (Kunststoffe) sind in ihren wesentlichen Bestandteilen organische Stoffe makromolekularer Art. Die Makromoleküle werden aus niedermolekularen Verbindungen (Monomeren) durch die Verfahren Polymerisation, Polykondensation und Polyaddition synthetisch hergestellt (s. C 12.1).

5.4 Polymerwerkstoffe: Aufbau und Eigenschaften

Aufbau und Eigenschaften der Polymerwerkstoffe werden primär geprägt durch ihren makromolekularen Aufbau (chemische Bestandteile, Bindungen, Molekülkonfiguration, Kettenlängen, Verzweigungen, Vernetzungen, Copolymere, Kristallisation) und ihre Rezeptur (Polymermischungen, Verstärkungsmittel, Antioxidantien, Weichmacher, Füll- und Farbstoffe). Weitere wichtige Einflussgrößen sind die Herstellungs- und Verarbeitungstechnologien. Der Zusammenhalt der einzelnen, chemisch nicht durch Hauptvalenzbindungen verbundenen Makromoleküle zum kompakten Polymerwerkstoff erfolgt durch physikalische Nebenvalenzbindungen, wie z. B. Van-der-Waals-Bindungen (Dispersionskräfte, Dipol-Dipol-Wechselwirkungen, Induktionskräfte) oder Wasserstoffbrückenbindungen.
Die Realisierung eines gewünschten Eigenschaftsprofils von synthetischen Polymeren erfordert die zielgerichtete Synthese von Polymerstrukturen („tailor-made polymers"). Zu diesen Eigenschaften gehören insbesondere das mechanische Verhalten (Festigkeit, Schlagzähigkeit), die Transparenz sowie die Witterungs- und die Oxidationsbeständigkeit. Durch die Modifizierung bekannter Polymere wie z. B. Polystyrol (PS), Poly(methylmethacrylat) (PMMA) und Polyethylen (PE) sowie die Kombination

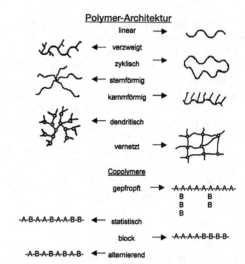

Bild 5-2. Architektur von Polymerwerkstoffen

von verschiedenen Monomeren können Eigenschaften gezielt verändert werden. Möglichkeiten für diese Modifizierung sind z. B.:

– das Mischen von zwei oder mehreren polymeren Komponenten (Polymerblends),
– die Copolymerisation zweier oder mehrerer Monomere,
– das Einführen von funktionellen Gruppen längs oder an den Enden der Polymerkette,
– die Entwicklung neuartiger Polymerstrukturen wie Sterne, kammförmige oder hyperverzweigte Polymere, Zyklen oder Dendrimere.

Von einem allgemeinen Standpunkt aus gesehen können diese Möglichkeiten der Modifizierung von Polymerstrukturen durch das Konzept der Polymerheterogenitäten beschrieben werden. Die wesentlichen in Polymeren auftretenden Architekturen sind in Bild 5-2 veranschaulicht (vgl. C 12.2–12.4).
Neben der für die Polymereigenschaften in ihren technischen Anwendungen wichtigen Kontrolle der Polymeraufbaureaktionen gewinnt die Analyse (siehe 11.2.2) von Polymerabbauprozessen zunehmend an Bedeutung. Unter ökologischen Gesichtspunkten sind Abbauprozesse hinsichtlich der steigenden Abfallproblematik zu betrachten. Massenkunststoffe sollen nach Gebrauch durch Recycling oder Energiegewinn verwertet werden. In beiden Fällen

sind vor allem Kenntnisse über das thermische und enzymatische Abbauverhalten sowie die Struktur der entstehenden Abbauprodukte erforderlich.

Die Zusammenhänge zwischen Aufbau und Eigenschaften von Polymerwerkstoffen sind in Bild 5-3 schematisch dargestellt.

5.5 Thermoplaste

Thermoplaste sind amorphe oder teilkristalline Polymerwerkstoffe mit kettenförmigen Makromolekülen, die entweder linear oder verzweigt vorliegen und nur durch physikalische Anziehungskräfte (Nebenvalenzkräfte) (thermolabil) verbunden sind.

Eine Zusammenstellung technisch wichtiger thermoplastischer Polymerwerkstoffe mit ihren Strukturformeln, allgemeine Kennzeichen und Anwendungsbeispielen gibt Tabelle 5-1.

Unterhalb der sog. Glastemperatur T_g sind Thermoplaste glasig-hart erstarrt (s. C 5.2.4). Oberhalb von T_g sind Thermoplaste im Zustand der unterkühlten Schmelze, bzw. der Schmelze. Bei hinreichend hohen Beanspruchungsfrequenzenz lassen sich die Moleküle durch mechanische Beanspruchungen deformieren, gehen jedoch nach Rückgang der Beanspruchung entropieelastisch in ihre ursprüngliche Form zurück.

Amorphe Thermoplaste (wie PVC, PS, PC) verhalten sich oberhalb von T_g thermoelastisch, bei weiterer Erwärmung werden sie weich und plastisch verformbar. Bei teilkristallinen Thermoplasten (wie PE, PP, PA) sind oberhalb von T_g die amorphen Bereiche ebenfalls entropieelastisch verformbar. Die kristallinen Anteile bewirken durch ihren festen Zusammenhalt ein zähelastisches Verhalten und Formbeständigkeit. Oberhalb der sog. Kristallitschmelztemperatur T_m erfolgt bei allen Thermoplasten der Übergang in die Schmelze (viskoser Fließbereich). Weil eine Verdampfung von Makromolekülen nicht möglich ist, werden bei Überschreiten der Zersetzungstemperatur die Molekülketten aufgelöst.

In Bild 5-4 sind die Zustandsbereiche einiger thermoplastischer Werkstoffe in vereinfachter Form zusammengestellt; die höchsten Gebrauchstemperaturen sind werkstoffabhängig und liegen im Bereich von etwa 70 bis 300 °C.

Hinsichtlich ihrer Anwendungen werden die thermoplastischen Polymerwerkstoffe in folgende Gruppen eingeteilt (Werkstoffkennwerte siehe 9):

– *Gebrauchswerkstoffe (Massenkunststoffe)*

Die hauptsächlichen Massenkunststoffe sind Polyethylen (PE), Polyvinylchlorid (PVC), Polypropylen (PP) und Polystyrol (PS). Sie machen

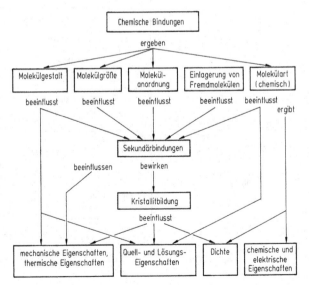

Bild 5-3. Polymerwerkstoffe: Zusammenhänge zwischen Moleküleigenschaften und Werkstoffeigenschaften

Tabelle 5-1. Beispiele thermoplastischer Polymerwerkstoffe

Polymerwerkstoff	Strukturformel	Kennzeichen	Anwendungsbeispiele
Polyethylen (PE)		teilkristallin (40...55%, PE-LD), (60...80%, PE-HD); zähelastisch	Folien, Transportbehälter, Spritzgußteile, Haushaltsgegenstände, Rohre
Polypropylen (PP)		teilkristallin, 60...70%; leicht; härter, fester, steifer als PE	Folien, Pumpengehäuse, Lüfterflügel, Haushaltsgeräteteile, Rohre
Polyvinylchlorid (PVC)		amorph; steif, kerbempfindlich (PVC-hart); flexibel, gummielastisch (PVC-weich)	PVC-hart: Armaturen, Behälter, Rohre; PVC-weich: Folien, Fußböden, Schuhsohlen
Polystyrol (PS)		amorph; steif, hart, spröde; transparent	Spritzgußteile; Verpackungen, glänzend oder verschäumt (Styropor); Spulenkörper
Polymethylmethacrylat (PMMA)		amorph; steif, hart, kratzfest; transparent	Linsen, Brillengläser, Verglasungen (Plexiglas, Acrylglas) Lampen, Sanitärteile
Polycarbonat (PC)		amorph; formsteif, schlagzäh; transparent	Apparate- und Gehäuseteile, Sicherheitsverglasungen, Spulenkörper, Geschirr, Compact Disc, Brillengläser, Linsen
Polyamid 66 (PA 66)		teilkristallin (<60%); wasseraufnehmend; (<3%); steif, hart, zäh	Zahnräder, Riemenscheiben, Gehäuse (E-Technik), Pumpen, Dübel
Polyoxymethylen (POM)		teilkristallin (<75%); steif, elastisch, zäh	Getriebeteile für Haushaltsgeräte, Nockenscheiben, Spulenkörper, Aerosoldosen
Polyethylenterephthalat (PET, x=2) Polybutylenterephthalat (PBT, x=4)		teilkristallin (30...40%) oder amorph-transparent (PET); fest, zäh, maßhaltig	Gehäuse, Kupplungen, Pumpenteile, Faserstoffe Kondensatorfolien, (PET: Trevira, Diolen); Magnetbänder, Getränkeflaschen
Polyimid (PI)		vernetzt oder lineare Struktur; fest, steif, kriech- und warmfest; (T_{max}=260°C)	temp.-best. Geräteteile Gleitelemente, Kondensatorfolien, gedruckte Schaltungen
Polytetrafluorethylen (PTFE)		teilkristallin (<70%), flexibel, zäh; niedrige Haftreibung, (T_{max}=260°C)	Gleitlager, Dichtungen, Isolierungen, Filter, Membranen
Polyphenylensulfid (PPS)		teilkristallin	Apparatebau, warmfeste Bauteile
Polyetherketon (PEK)		teilkristallin	Apparatebau, warmfeste Bauteile

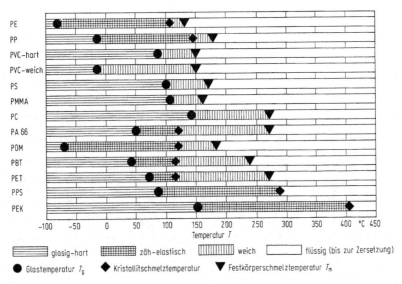

Bild 5-4. Zustandsbereiche thermoplastischer Polymerwerkstoffe

mehr als 80% der gesamten Kunststoffproduktion aus und werden den verschiedenen Verwendungszwecken häufig durch spezielle Behandlung, wie Weichmachung, Vernetzung, Verstärkung usw., angepasst.

- *Konstruktionswerkstoffe (techn. Kunststoffe)*
  Als Konstruktionswerkstoff eignen sich vor allem teilkristalline Thermoplaste, wie z.B. Polyamide (PA), Polyoxymethylen (POM), Polyethylenterephthalat (PET) und Polybutylenterephthalat (PBT) sowie die hochtemperaturbeständigen Thermoplaste Polyimid (PI), Polytetrafluorethylen (PTFE), Polyphenylensulfid (PPS) und Polyetherketon (PEK).

- *Funktionswerkstoffe*
  Thermoplastische Polymerwerkstoffe mit speziellen funktionellen Eigenschaften sind z.B. die für optische Bauteile geeigneten (leichten) transparenten Kunststoffe Polymethylmethacrylat (PMMA) und Polycarbonat (PC), das thermisch und chemisch höchst stabile Polytetrafluorethylen (PTFE), Materialien für Kondensatorfolien (PP, PET) sowie neuere (teure) warmfeste Polymere wie Polyimid (PI) und Polyphenylensulfid (PPS), deren höchste Gebrauchstemperatur bei 260 °C liegt.

5.6 Duroplaste

Duroplaste sind harte, glasartige Polymerwerkstoffe, die über chemische Hauptvalenzbindungen räumlich fest vernetzt sind. Die Vernetzung erfolgt beim Mischen von Vorprodukten mit Verzweigungsstellen und wird entweder bei hohen Temperaturen thermisch (Warmaushärten) oder bei Raumtemperatur mit Katalysatoren chemisch aktiviert (Kaltaushärten). Da bei den Duroplasten die Bewegung der eng vernetzten Moleküle stark eingeschränkt ist, durchlaufen sie beim Erwärmen keine ausgeprägten Erweichungs- oder Schmelzbereiche, sodass ihr harter Zustand bis zur Zersetzungstemperatur erhalten bleibt. Technisch wichtige Duroplaste sind in Tabelle 5-2 zusammengestellt (Werkstoffkennwerte siehe 9).

5.7 Elastomere

Elastomere sind gummielastisch verformbare Polymerwerkstoffe, deren (verknäuelte) Kettenmoleküle weitmaschig und lose durch chemische Bindungen vernetzt sind. Die Elastomervernetzung (sog. Vulkanisierung) findet während der Formgebung unter Mitwirkung von Vernetzungsmitteln (z.B. Schwefel,

Tabelle 5-2. Beispiele duroplastischer Polymerwerkstoffe

Polymerwerkstoff	Strukturformel (R: org. Rest)	Max. Temp. in °C	Kennzeichen	Anwendungsbeispiele
Phenoplaste: Phenol-Formaldehyd (PF)	*(Strukturformel: Phenolring mit OH, –C–H Gruppe)*	130...150	Steif, hart, spröde; dunkelfarbig; nicht heißwasserbeständig	Steckdosen, Spulenträger, Pumpenteile, Isolierplatten, Bindemittel (Spanplatten, Hartpapier)
Aminoplaste: Harnstoff-Formaldehyd (UF)	$-H_2C-N-$ / CO / $-N-CH_2$	80	Steif, hart, spröde, hellfarbig	Stecker, Schalter, Elektroinstallationsmaterial, Schraubverschlüsse
Melamin-Formaldehyd (MF)	$-H_2C-N-CH_2-$ *(Triazinring mit N)* $>N-$ ... $-N<$	130	Wie UF, jedoch fester, weniger kerbempfindlich, kochtest	Elektroisolierteile (hellfarbig), Geschirr, Oberflächenschichtstoffe (Resopal, Hornitex)
ungesättigte Polyesterharze (UP)	*(Strukturformel mit C=O, CH₂, Phenylring)* $-C-C-C-O-R-O-$	140...180	Steif bis elastisch, spröde bis zäh (abhängig vom Aufbau)	Formmassen: Gehäuse, Spulenkörper. Laminate: LKW-Aufbauten, Bootskörper, Lichtkuppeln
Epoxidharze (EP)	$-OCH_2-C-CH_2-O-C$ ... (OH, R Gruppen) $-OCH_2-C-CH_2-O-C$	130	Fest, steif bis elastisch schlagresistent, maßhaltig	Gießharze: Isolatoren, Beschichtungen, Klebstoffe. Laminate: Bootskörper, Sandwichkonstruktionen

Tabelle 5-3. Beispiele elastomerer Polymerwerkstoffe (Vernetzungen nicht dargestellt)

Polymerwerkstoff	Strukturformel	Temperatur in °C	Kennzeichen	Anwendungsbeispiele
Polyurethan (PUR)	$\left[-R_1-N-C-O-R_2-O-C-N- \right]_n$ R_1: Diisocyanat R_2: Glykol oder Polyol	-40...+80	Elastisch hart, weiter reißfest, flexibel, dämpfend; nicht beständig gegen heißes Wasser, konzentrierte Säuren und Laugen	Kabelummantelungen, Dichtungen, Faltenbälge, Zahnriemen, Sportbahnbeläge
Siliconkautschuk (SI)	$\left[-Si-O-Si- \right]_n$ (R) R: CH_3 oder C_6H_5	-80...+180	Stabile mechanische Eigenschaften, thermisch und chemisch beständig, hydrophob	Elastische Isolierungen, Dichtungen, Transportbänder
Styrol-Butadien-Kautschuk (SBR)	$\left[-C-C-C=C-C- \right]_n$ *(mit Phenylring)*	-30...+70	Ähnlich wie Naturkautschuk, wärme- und abriebbeständig	Bereifungen, Förderbänder, Schläuche, Dichtungen, Schuhsohlen
Naturkautschuk (NR)	$\left[-C-C=C-C- \right]_n$ *(mit CH₃)*	-10...+70	Chemisch beständig (Ozon-empfindlich)	Bereifungen, Schläuche, Dichtungen, Förderbänder

Peroxide, Amine) statt. Bei mechanischen Beanspruchungen lassen sich die Kettenmoleküle leicht und reversibel verformen. Durch Füllstoffe (z. B. Ruß, feindisperses SiO_2) können Elastomere durch die Ausbildung von Sekundärbindungen zwischen den Elastomermolekülen und den Partikeln verstärkt und in ihren mechanischen Eigenschaften modifiziert werden. Bei Elastomeren kann die Glastemperatur so niedrig liegen, dass eine Versprödung erst weit unterhalb der Einsatztemperaturen eintritt. Bei Erwärmung durchlaufen sie keine ausgeprägten Erweichungs- oder Schmelzbereiche; ihr gummielastischer Zustand bleibt bis zur Zersetzungstemperatur erhalten. Auch bei Elastomeren kann in manchen Fällen Kristallisation auftreten, insbesondere im hochgereckten Zustand (Dehnungskristallisation). Wichtige Elastomere sind in Tabelle 5-3 zusammengestellt (Werkstoffkennwerte siehe 9). Thermoplastische Elastomere sind physikalisch vernetzte Polymere (z.B. Polyolefine) mit Glastemperaturen unterhalb der Anwendungstemperatur; im Anwendungstemperaturbereich verhalten sie sich wie Elastomere. Sie sind wie thermoplastische Polymere schmelzbar und können daher wie diese verarbeitet werden.

6 Verbundwerkstoffe

Ein Verbundwerkstoff besteht aus heterogenen, innig miteinander verbundenen Festkörperkomponenten. In stofflicher Hinsicht werden unterschieden: Metall-Matrix-Composite (MMC), Polymer-Matrix-Composite (PMC)- und Keramik-Matrix-Composite (CMC). Eine Einteilung der Verbundwerkstoffe nach ihrem Aufbau zeigt Bild 6-1.

6.1 Teilchenverbundwerkstoffe

Teilchenverbundwerkstoffe bestehen aus einem Matrixmaterial, in das Partikel eingelagert sind. Die Abmessungen der Partikel betragen von ca. 1 μm bis zu einigen mm (Volumenanteile bis zu 80%), wobei Matrix und Partikel unterschiedliche funktionelle Aufgaben im Werkstoffverbund übernehmen. Neben Beton (siehe 4.6.3) sind folgende Werkstoffgruppen mit Metall- oder Kunststoffmatrix wichtig:

Hartmetalle enthalten 0,8 bis 5 μm große Hartstoffpartikel (z. B. WC, TiC, TaC) in Volumenanteilen

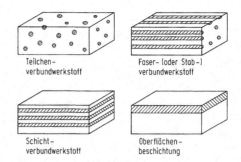

Bild 6-1. Einteilung der Verbundwerkstoffe

bis zu 94%, eingebettet in metallische Bindemittel wie Kobalt, Nickel oder Eisen. Sie werden durch Flüssigphasensintern hergestellt und hauptsächlich für warmfeste Schneidstoffe (Arbeitstemperaturen bis zu 700 °C) oder Umformwerkzeuge verwendet.

Cermets (engl. ceramics + metals) bestehen bis zu 80% Volumenanteil aus einer oxidkeramischen Phase (z. B. Al_2O_3, ZrO_2, Mullit) in metallischer Matrix (z. B. Fe, Cr, Ni, Co, Mo). Sie werden pulvermetallurgisch hergestellt und als Hochtemperaturwerkstoffe, Reaktorwerkstoffe oder verschleißresistentes Material eingesetzt.

Gefüllte Kunststoffe bestehen aus einem Grundwerkstoff aus Duroplasten (z. B. Phenolharz, Epoxidharze, siehe 5.6) oder Thermoplasten (z. B. PMMA, PP, PA, PI, PTFE, siehe 5.5), in den sehr unterschiedliche Partikel-Füllstoffe, wie beispielsweise Holzmehl, feindispersive Kieselsäure (SiO_2), Glaskugeln oder Metallpulver eingebettet sind. Die Partikelgrößen reichen von weniger als 1 μm (SiO_2) bis zu mehreren mm (Glaskugeln) mit Volumenanteilen bis zu 70%. Gefüllte Kunststoffe zeichnen sich durch günstige Herstellungskosten und/oder verbesserte mechanische Eigenschaften aus.

6.2 Faserverbundwerkstoffe

Durch die Entwicklung von Faserverbundwerkstoffen werden wenig feste bzw. spröde Matrixwerkstoffe verbessert:
(a) Erhöhung der mechanischen Eigenschaften des Matrixmaterials durch Einlagern von Fasern mit hoher Bruchfestigkeit und -dehnung. Dabei soll die Ma-

trix einen geringeren E-Modul aufweisen und sich bei einem Faserbruch zum Abbau von Spannungsspitzen örtlich plastisch verformen können.

Beispiele: Glasfaserverstärkte Kunststoffe (GFK), polymerfaserverstärkte Kunststoffe (PFK), karbonfaserverstärkte Kunststoffe (CFK), bestehend aus einer Kunststoffmatrix (hauptsächlich Duroplaste, wie z. B. ungesättigtes Polyesterharz (UP), Epoxidharz (EP), neuerdings auch Thermoplaste) verstärkt durch Glasfasern (5 bis 15 µm Durchmesser), Aramidfasern (aromatische Polyamide) oder Kohlenstoff-(Carbon-)fasern. Aluminiumlegierungen, verstärkt durch Bor- oder Si-Fasern hergestellt durch CVD-Abscheidung (siehe 6.5) von B, SiC auf W- oder C-Fasern.

(b) Einlagerung von duktilen Fasern in sprödes Matrixmaterial, wodurch die Rissausbreitung unterbunden und die Sprödigkeit herabgesetzt wird. Beispiele: Si_3N_4-Keramik verstärkt durch SiC-Fasern. Mullit verstärkt durch C-Fasern. Beton verstärkt durch PA-Fasern („Polymerbeton").

Zur Herstellung von Faserverbundwerkstoffen werden Einzelfasern (Kurzfasern, ungerichtet oder gerichtet, bzw. Langfasern), Faserstränge (Rovings), Fasermatten oder Faservliese verwendet.

Durch Orientierung der Fasern kann eine mechanische Anisotropie der Bauteile erzielt und so die Festigkeit den Beanspruchungen angepasst werden.

Für die Anwendung von Faserverbundwerkstoffen sind neben den Eigenschaften von Matrix und Fasern besonders deren Zusammenspiel bedeutsam. Es kommt dabei auf die Volumenanteile von Fasern bzw. Matrix und die chemisch-physikalische Verträglichkeit (z. B. Diffusionsverhalten, Ausdehnungskoeffizienten) sowie die Adhäsion zwischen Matrix und Fasern und ihre mögliche Beeinflussung durch eine Oberflächenbehandlung der Fasern an.

Eine Abschätzung der elastischen Eigenschaften von Faserverbundwerkstoffen mit einem Volumenanteil φ_F an (Lang-) Fasern ergibt unter idealisierten Bedingungen (parallele Faserausrichtung, linear-elastisches Materialverhalten, gute Matrix-Faser-Haftung) anhand der Bedingungen:

Matrixdehnung = Faserdehnung ($\varepsilon_M = \varepsilon_F$) in Faserrichtung, Matrixspannung = Faserspannung ($\sigma_M = \sigma_F$) quer zur Faserrichtung für die obere Grenze des Elastizitätsmoduls des Verbundwerkstoffs

$$E_{V\,max} = \varphi_F \cdot E_F + (1 - \varphi_F)E_M$$

und für die untere Grenze

$$E_{V\,min} = 1/(\varphi_F/E_F + (1 - \varphi_F)/E_M)$$

Bild 6-2 zeigt die Abhängigkeit der elastischen Eigenschaften von Faserverbundwerkstoffen in Abhängigkeit vom Faser-Volumenanteil und illustriert die Anisotropie der Faserverstärkung bezüglich der Beanspruchungsrichtung [1].

6.3 Stahlbeton und Spannbeton

Die bedeutendsten Verbundwerkstoffe mit anorganisch-nichtmetallischer Matrix und metallischer Verstärkung sind Stahlbeton und Spannbeton. Sie kombinieren im makroskopischen Maßstab den Verbundwerkstoff Beton (siehe 4.6.3) mit einer Faserverstärkung. Die geringe Zugfestigkeit des Betons wird beim Stahlbeton durch eine sog. Bewehrung mit einem Werkstoff hoher Zugfestigkeit verbessert. Wichtige Voraussetzungen sind eine ähnliche thermische Ausdehnung und gute Haftung beider Komponenten sowie ein ausreichender Korrosionsschutz des Stahls durch das alkalische Milieu im Beton (geringe Chlorionenkonzentration erforderlich) und die Abschirmung von atmosphärischem Sauerstoff.

Beim *Spannbeton* wird eine weitere Verbesserung der mechanischen Eigenschaften dadurch erreicht,

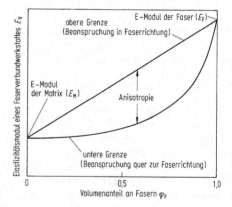

Bild 6-2. Elastische Eigenschaften von Faserverbundwerkstoffen: Einflüsse von Faseranteil und Beanspruchungsrichtung (schematisch vereinfachte Darstellung)

dass mittels Spannstählen der Beton in Beanspruchungsrichtung unter Druckspannung gesetzt wird. Hierdurch soll die Wirkung von Zugspannungen unwirksam gemacht und das Auftreten korrosionsbegünstigender Risse vermieden werden. Spannbeton ermöglicht eine gute Ausnutzung der Betonfestigkeit, geringere Querschnitte und einen Druckzustand der fertigen Teile. Zur Ausnutzung der Möglichkeiten des Spannbetons sind sorgfältige Herstellung, Ausgleich des Schwindens durch volumenvergrößernde Zusatzstoffe (z. B. Gips, $CaSO_4$, als Zusatz zu Portlandzement) und Verhinderung von Korrosionseinflüssen erforderlich.

6.4 Schichtverbundwerkstoffe

Schichtverbundwerkstoffe (Laminate) sind flächige Verbunde, bei denen die Herstellung häufig mit der Formgebung verbunden ist.
Schichtpressstoffe bestehen aus geschichtetem organischem Trägermaterial (z. B. Papier, Pappe, Zellstoff, Textilien) und einem Bindemittel (z. B. Phenolharz, PF; Melaminharz, MF; Harnstoffharz, UF) und werden durch Pressen unter Erwärmen hergestellt. Beim *Laminieren* werden zunächst Prepregs (engl. preimpregnated materials) durch Tränken des Trägermaterials mit einem Harz vorfabriziert, die später in den Verfahrensschritten Formgebung, Aushärten, Nachbehandeln weiterverarbeitet werden. Beim *Kalandrieren* wird Material in einem vorgemischten und vorplastifizierten Rohzustand in einer Walzenanordnung zu Platten- oder Folienbahnen verarbeitet.
Einen silikatisch-metallischen Schichtverbundwerkstoff bildet *Email* mit seiner Unterlage. Er besteht aus einer oxidisch-silikatischen Masse, die unter Mitwirkung von Flussmitteln (z. B. Borax, Soda), in einer oder mehreren Schichten auf einem metallischen Trägerstoff (meist Stahlblech mit C-Anteil <0,1 Gew.-% oder Gusseisen) aufgeschmolzen, bei ca. 900 °C aufgebrannt und vorzugsweise glasig erstarrt ist. Die flächenhafte Email-Metall-Verbindung erfordert gute Haftfestigkeit (Beimengungen von sog. Haftoxiden, wie z. B. 0,5% CoO, 1% NiO in die Emailgrundmasse) und vergleichbare thermische Ausdehnungskoeffizienten α von Metall (M) und Email (E) (Anzustreben: $\alpha_E < \alpha_M$ zur Ausbildung von Druckspannungen

im Email und Vermeidung von rissauslösenden Zugspannungen). Die Komponenten des Verbundwerkstoffs übernehmen unterschiedliche Aufgaben: das Metall ist Träger der Festigkeit, während das Email antikorrosive und dekorative Funktionen erfüllt.

6.5 Oberflächenbeschichtungen und Oberflächentechnologien

Durch Oberflächentechnologien sollen Werkstoffe und Bauteile gezielt den oberflächenspezifischen funktionellen Aufgaben (z. B. dekoratives Aussehen, Farbe, Glanz, Verwitterungs- und Alterungsbeständigkeit, Korrosions- und Verschleißresistenz, Mikroorganismenbeständigkeit) angepasst werden. Hierzu werden entweder die Oberflächenbereiche durch mechanische oder physikalisch-chemische Behandlung in ihren Eigenschaften modifiziert oder es wird auf die (Substrat-)Oberfläche die Schicht eines anderen Werkstoffs aufgebracht, der fest haftet und die gewünschten Oberflächeneigenschaften aufweist. Die entstehenden Verbundwerkstoffe sind durch eine Aufteilung der einwirkenden Beanspruchungen und der funktionellen Eigenschaften gekennzeichnet: der Grundwerkstoff trägt die Volumenbeanspruchungen (siehe 8.1) und gewährleistet die Festigkeit, während die Beschichtung Oberflächenfunktionen realisiert [2].
Die konventionellen *organischen Beschichtungen* umfassen die verschiedenen Lackierverfahren. Während früher das Spritzen dominierte, sind seit etwa 1970 hinzugekommen: Airless-Spritzen, Gießen, Elektrotauchlackierung, Breitbandbeschichtung, elektrostatische Pulverlackierung, Strahlungshärten. Eine neue Variante ist das sog. Elektro-Powder-Coating (EPC), bei dem als „Lackbad" eine kationische Pulversuspension dient. Heute werden auch sehr dünne organische Beschichtungen nach dem Verfahren der Plasmapolymerisation technisch hergestellt. Die Plasmapolymerisation gehört zu den CVD-Verfahren (siehe unten).
Einen Überblick über die wichtigsten anorganisch-metallischen Oberflächentechnologien und die charakteristischen Eigenschaften der Oberflächenbereiche gibt Tabelle 6-1.

Tabelle 6–1. Oberflächentechnologien für anorganisch-metallische Beschichtungen

Verfahren	Verfahrenstemperatur	Charakteristische Eigenschaften der Oberflächenbereiche
Mechanische Oberflächenverfestigung – Strahlen – Festwalzen – Druckpolieren	Raumtemperatur (Temperaturerhöhung durch plastische Verformung)	hohe Versetzungsdichte, Druckeigenspannungen
Randschichthärten – Flammhärten – Induktionshärten – Impulshärten – Elektronenstrahlhärten – Laserstrahlhärten	Austenitisierungstemperatur in Oberflächenbereichen unter Anlasstemperatur im Kern	Martensit
Umschmelzen – Lichtbogenumschmelzen – Elektronenstrahlumschmelzen – Laserstrahlumschmelzen	Schmelztemperatur in den Oberflächenbereichen	feinkörniges oder amorphes Gefüge
Ionenimplantieren	Raumtemperatur	implantierte Atome (N, Ti u. a.)
Thermochemische Verfahren	$T < 600\,°C$ Nitrieren, Nitrocarburieren, $T = (800\ldots1000)\,°C$ Aufkohlen, Borieren	Verbindungen, z. B. Fe_xN, Diffusionszone
Chemische Abscheidung aus der Gasphase (CVD)	$T = (800\ldots1000)\,°C$	Verbindungen, z. B. TiC
Physikalische Abscheidung aus der Gasphase (PVD) – Sputtern – Ionenplattieren	$T < 500\,°C$	Verbindungen, z. B. TiN
Galvanische Verfahren – elektrolytisch – fremdstromlos	$T < 100\,°C$ Aushärtung von Ni-P bei $T = 400\,°C$	a) Metalle wie Cr, Ni b) Legierungen a), b) + Partikel, z. B. Ni-SiC
Anodisieren	Raumtemperatur	Verbindungen z. B. Al_2O_3,
Aufsintern	Temperatur des Sintergutes	mehrphasige Legierungen
Aufgießen	Temperatur des Schmelzgutes	mehrphasige Legierungen
Thermisches Spritzen – Flammspritzen – Lichtbogenspritzen – Plasmaspritzen – Detonationsspritzen	unter Anlasstemperatur	a) Metalle, z. B. Mo b) Legierungen a), b) + Partikel
Auftragschweißen	Temperatur des Schmelzgutes in den Oberflächenbereichen Vorwärmen auf 600 °C	mehrphasige Legierungen mit Carbiden
Plattieren – Walzplattieren – Sprengplattieren – Schweißplattieren	Warmwalztemperatur	ein- oder mehrphasige Legierungen

Für die thermischen Verfahren zeigt die Verfahrenstemperatur an, ob die Wärmebehandlung vor oder nach dem Aufbringen einer Oberflächenschutzschicht oder unmittelbar durch ein Abschrecken von der Verfahrenstemperatur aus vorzunehmen ist und ob niedrigschmelzende Legierungen überhaupt behandelt oder beschichtet werden können. Man strebt niedrige Verfahrenstemperaturen an, um ein Verziehen von Teilen bei sich anschließenden Wärmebehandlungen zu vermeiden.

Das Randschichthärten durch Elektronenstrahl-, Laserstrahl- und lokale Impulshärteverfahren zeichnet sich dadurch aus, dass die Volumentemperatur des Grundwerkstoffs unterhalb der Anlasstemperatur von Stählen bleibt. Durch Elektronenstrahl- und Laserstrahlhärten kann man Oberflächenbereiche von Bauteilen partiell in sehr dünnen Schichten auf Austenitisierungs- oder Schmelztemperatur bringen, wobei anschließend eine Selbstabschreckung stattfindet, mit der sich martensitische, besonders feinkörnige oder sogar amorphe Schichten erzeugen lassen.

Bei der *Chemischen Gasphasenabscheidung* (chemical vapor deposition, CVD) werden Gase in einem Reaktionsraum mit dem zu beschichtenden Bauteil unter Druck und Wärme in Kontakt gebracht, wobei sehr harte Reaktionsschichten entstehen (z. B. aus Titankarbid, Titannitrid oder Aluminiumoxid auf Hartmetall).

Die Verfahren der *Physikalischen Gasphasenabscheidung* (physical vapor deposition, PVD) Aufdampfen, Sputtern und Ionenplattieren (ion plating) sind bisher hauptsächlich zur Vergütung optischer Bauteile und in der Elektronik eingesetzt worden, daneben zeichnen sich tribotechnische Einsatzbereiche in der Feinwerk- und Fertigungstechnik ab. Die PVD-Technologie gestattet niedrigere Prozesstemperaturen als das CVD-Verfahren, die unterhalb der Anlasstemperatur von Schnellarbeitsstahl liegen und das Beschichten von wärmebehandelten Stählen sowie Leichtmetalllegierungen (Al-, Mg-, Ti-Basis) zulassen. Schmelztauchschichten werden durch Tauchen der zu beschichtenden Bauteile in schmelzflüssige Metalle (z. B. Zinnbad 250 °C, Zinkbad 440 bis 460 °C) hergestellt. Das Aufbringen von Aluminium, Zink, Zinn und Blei auf diese Weise wird Feueraluminieren, Feuerverzinken, Feuerverzinnen und Feuerverbleien genannt.

Die Entwicklung der galvanotechnischen Verfahren ist gekennzeichnet durch die sog. funktionelle Galvanotechnik. Darunter versteht man die Erzeugung von Verbundwerkstoffen, bei denen der Grundwerkstoff Form und Festigkeit des Bauteils bestimmt und die funktionellen Eigenschaften der Bauteiloberfläche vom galvanischen Überzug zu gewährleisten sind. Während die mit galvanotechnischen, CVD-, PVD und Schmelztauchverfahren erzielbaren Beschichtungen Dicken von 1 bis 100 µm aufweisen, lassen sich mit thermischem Spritzen, Auftragschweißen und Plattieren noch erheblich dickere Oberflächenbeschichtungen erzielen.

7 Ressourcennutzung und Umweltauswirkungen

7.1 Materialflüsse in der Wirtschaft

Werkstoffe werden durch verfahrenstechnische Prozesse aus Rohstoffen (Erze, Naturstoffe, fossile Rohstoffe) oder durch Recycling aus Abfällen hergestellt (siehe Bild 1-1). Dabei ist die Nutzung natürlicher Ressourcen immer auch mit Eingriffen in die Umwelt verbunden. Die Auswirkungen auf die Umwelt während Gewinnung, Herstellung, Nutzung und danach als Abfall sind vielfältiger Art (Landverbrauch, Potenzial für Treibhauseffekt, Ökotoxizität, u. s. w.). Eine Möglichkeit zur Quantifizierung der Umweltbelastungen ist der Indikator Globaler Materialaufwand (GMA oder *Total Material Requirement, TMR*). Dieser Indikator misst den vollständigen Materialfluss einer Volkswirtschaft einschließlich der verborgenen Flüsse der inländischen Förderung und der Importe (hidden flows, „ökologischer Rucksack"). GMA ist ein umfassender Input-Indikator und misst die materielle Basis einer Volkswirtschaft, d. h. alle der Umwelt im In- oder Ausland entnommenen Primärmaterialien, die mit der inländischen Produktion verbunden sind. Daher ist GMA ein quantitativer Wert für Umweltbelastungen durch die Entnahme und Nutzung natürlicher stofflicher Ressourcen. Bezieht man den Globalen Materialaufwand auf eine spezifische Menge (spezifischer GMA), z. B. eine Tonne, kann man die Umweltbelastungen verschiedener Materialien vergleichen. Ein Wert von 300 t/t (Kupfer) be-

Tabelle 7-1. Globaler Materialaufwand (GMA oder Total Material Requirement, TMR) einiger Metalle, mineralischer und fossiler Rohstoffe [1, 2]

Material	spez. GMA	Weltjahresproduktion	TMR
	(t/t Material)	(t)	(10^6 t/a)
Kohle	2	6 938 000 000	13 876
Sand und Kies	1,18	8 000 000 000	9440
Phosphat	34	159 000 000	5406
Rohöl	1,22	3 714 000 000	4531
Gold	1 800 000	2460	4428
Kupfer	300	18 300 000	5490
Eisen	5,1	954 000 000	4865
Platin	1 400 000	429	601
Uran	11 000	50 700	558
Silber	16 000	22 236	356
Aluminium	10	36 900 000	369
Blei	95	3 900 000	371

deutet, dass für die Herstellung von 1 t Kupfer 300 t Material (einschließlich der Materialflüsse aus dem Energieverbrauch der Herstellungsprozesse) bewegt werden müssen. Multiplikation mit der Weltjahresproduktion liefert dann den Wert für GMA der gesamten Weltwirtschaft. Werte für den GMA einiger Rohstoffe sind in Tabelle 7-1 aufgelistet.

Hohe Werte für den Globalen Materialverbrauch resultieren entweder aus einem hohen spezifischen GMA (Gold, Platin, etc.) oder einer großen Weltjahresproduktion.

Der gesamtwirtschaftliche Rohstoffeinsatz kann im Rahmen von Materialflussrechnungen dargestellt werden. Das Materialkonto von Deutschland hatte im Jahr 2002 auf der Entnahmeseite und bei Abgabe und Verbleib jeweils ca. 5×10^9 t. Größter Einzelposten sind hier die nicht verwerteten Rohstoffentnahmen (Abraum, Bodenaushub, Erosion). Zum Ausgleich der Bilanz taucht diese Position auf der Entnahme- und Abgabeseite auf. Der Materialverbleib, das sind z. B. neue Gebäude, Straßen etc., ist ebenfalls kritisch zu betrachten, da hiermit Flächenverbrauch verbunden ist. Der Flächenverbrauch betrug in Deutschland 2008 104 Hektar pro Tag. Tabelle 7-2 listet die einzelnen Positionen des Materialkontos auf.

Die Summe aus verwerteter inländischer Entnahme und Importen bezeichnet den direkten Materialeinsatz (*direct material input*, *DMI*) und beträgt in Deutschland ca. 20 Tonnen pro Kopf und Jahr. Für die Errechnung des globalen Materialaufwands werden die nicht verwerteten Rohstoffentnahmen dazu addiert (Gase und Wasser bleiben unberücksichtigt), womit man auf einen GMA von 45 Tonnen pro Kopf und Jahr kommt. Indirekte Primärmaterialentnahmen der Importe sind in dieser Übersicht allerdings nicht berücksichtigt (ca. 5 Tonnen pro Kopf). Eine weitere wichtige Kenngröße ist der inländische Materialverbrauch (*direct material consumption*, *DMC*), den man durch Subtraktion der Exporte von DMI erhält. DMC besteht zu 47% aus mineralischen Rohstoffen, 33% aus Biomasse und 20% aus fossilen Energieträgern. Pro Kopf ist diese Größe für Deutschland und zahlreiche andere Industriestaaten seit 1990 nahezu unverändert. Der deutliche Anstieg des Bruttoinlandsprodukts (BIP) im gleichen Zeitraum zeigt, dass eine Entkopplung von Wirtschaftswachstum und Ressourcenverbrauch

Tabelle 7-2. Materialkonto der deutschen Volkswirtschaft im Jahr 2008 in 10^6 t

Materialflüsse	Entnahme	Bestandszuwachs	Abgabe
verwertete inländische Entnahme	1 082		
nicht verwertete inländische Rohstoffentnahme	2 229		
Importe	606		
Entnahme von Gasen	1 083		
Materialverbleib		595	
Abfälle an Deponie		42	
Luftemissionen			1 877
Dissipativer Gebrauch von Produkten			256
Exporte			388
nicht verwertete inländische Rohstoffentnahme			2 229

Quelle: Statistisches Bundesamt Wiesbaden, 2010

möglich ist (siehe Bild 7-1), wenn die Ressourcenproduktivität (EUR/kg) entsprechend gesteigert wird. Von einer „Dematerialisierung" um einen Faktor 4 oder sogar 10, wie mancherorts gefordert, ist man allerdings noch sehr weit entfernt. Eine nachhaltige Gestaltung der Ressourcennutzung zeichnet sich durch deutlich niedrigere nicht verwertete Rohstoffentnahmen und einen Bestandszuwachs nahe null aus.

Diese verbesserte Materialeffizienz (40% in Deutschland von 1994–2008, also zwischen 2 und 3% pro Jahr) ist begründet zum einem im Wandel der Wirtschaft, z. B. mehr Dienstleistungen, aber auch in Technologieverbesserungen zur Erhöhung der Materialeffizienz. Um einen Faktor 4 zu erreichen, muss die Verbesserung über 35 Jahre 4% pro Jahr betragen.

7.2 Recycling

Recycling von Metallen

Recycling ist eine Möglichkeit zur Erhöhung der Ressourcenproduktivität. Dadurch werden gleichzeitig negative Umweltauswirkungen der Ressourcennutzung minimiert. In Tabelle 1-4 sind die Recyclingquoten verschiedener metallischer Werkstoffe gelistet. Metalle können nahezu unbegrenzt mit nur geringen Qualitätsverlusten wegen der Aufkonzentrierung von Legierungselementen recycelt werden [3]. Große Bedeutung besitzt dabei insbesondere wegen der Mengen der Einsatz von Stahlschrott in der Stahlindustrie. Dabei ist die

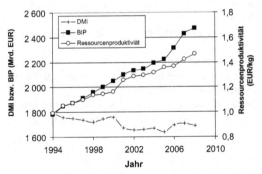

Bild 7-1. Entkopplung von Ressourcenverbrauch (DMI) und Wohlstand (BIP) in Deutschland. Die Ressourcenproduktivität stieg um ca. 40%

Recyclingquote bei der Stahlherstellung in den USA mit 70% [4] deutlich höher als in Deutschland (siehe Tabelle 1-4). Der Grund dafür liegt in der unterschiedlichen Produktionsstruktur. In Deutschland wird mehr anspruchsvoller Oxygenstahl produziert, in Ländern mit höherer Recyclingquote kommt vor allem das Elektrostahlverfahren zum Einsatz.

Ein weiteres gutes Beispiel für Metallrecycling ist die Produktion von Bleiakkumulatoren. In den USA wird das Blei für die Akkus zu mehr als 80% aus recycelten Akkus gewonnen. Dass dennoch fast 30% des gesamten Bleiverbrauchs ($1,4 \times 10^6$ Tonnen im Jahr 1994) durch Importe und aus dem Bergbau gedeckt werden müssen, liegt an Verwendungen, für die das Recycling von Blei schwierig ist (Farben, Keramik, Lötmittel, Munition etc.) [5]. Neben dem Aspekt Ressourcenschonung ist vor allem der Energieverbrauch beim Recycling von metallischen Werkstoffen deutlich geringer als bei der Erzeugung aus Rohstoffen. Beim Aluminium werden z. B. bei der Herstellung aus Sekundäraluminium weniger als 10% der Energie als bei der Herstellung aus Bauxit benötigt (siehe Tabelle 1-3).

Recycling von Kunststoffabfällen

Anders sieht die Situation bei den Kunststoffen aus. In Deutschland wurden im Jahr 2002 knapp 11×10^6 Tonnen Kunststoffe verbraucht. Mehr als ein Drittel wird davon als Verpackungsmaterial genutzt [6]. Recycling von Kunststoffen ist auf unterschiedliche Weisen möglich:

► Mechanisches Recycling (werkstoffliches Recycling, *back-to-polymer recycling BTP*). Die chemische Struktur des Materials bleibt unverändert, verändert wird nur die Gestalt, z. B. durch Schreddern. Es werden wieder direkt Kunststofferzeugnisse hergestellt.

► Rohstoffliches Recycling (*back-to-feedstock recycling BTF*). Die Kunststoffe werden durch einen chemischen Prozess in Rohstoffe wie z. B. Rohölersatz, Naphta, Synthesegas umgewandelt.

► Energetische Verwertung. Kunststoffe werden in der Stahlherstellung als Reduktionsmittel oder in Feuerungsanlagen zur Strom- oder Wärmeerzeugung eingesetzt.

Von den im Jahr 2002 in Deutschland gesammelten $2{,}7 \times 10^6$ Tonnen wurden 55,9% recycelt (15% mechanisch, 12,1% rohstofflich und 28,8% energetisch). Welcher Weg zu bevorzugen ist, hängt stark davon ab, in welcher Form die Kunststoffe ins Recycling gelangen. Sortenreine Kunststofffraktionen eignen sich besser zum werkstofflichen Recycling als gemischte Verpackungsabfälle aus Haushaltsabfällen.

Recycling von sonstigen Abfällen

Es gibt zahlreiche Beispiele der Gewinnung von Rohstoffen aus Abfällen, umso natürliche Ressourcen zu schonen [7]: Altglasscherben als Rohstoff für die Glasindustrie, Gips aus Rauchgasentschweflungsanlagen für die Herstellung von Gipskartonplatten, Flugaschen aus Kohlekraftwerken und Schlacken aus der Metallurgie als Zementzumahlstoff, Gesteinskörnung aus dem Bauschuttrecycling für die Betonherstellung, Eisen und Nichteisenmetalle aus Abfallverbrennungsaschen für die Metallindustrie, Altpapier für die Papierindustrie. Viele weitere Recyclingverfahren befinden sich in der Entwicklung. Ob sich die Verfahren am Markt etablieren können, hängt von den Kosten für die Behandlung und den Preisen für die natürlichen Rohstoffe ab. Letztere sind für viele Rohstoffe durch erhöhte Nachfrage in Asien in letzter Zeit stark angestiegen.

Der Wertschöpfungseffekt durch Recycling ist bedeutend. Die zusätzliche Wertschöpfung durch den Einsatz von Sekundärrohstoffen betrug im Jahr 2005 in Deutschland ca. 3,6 Milliarden EUR, davon entfallen auf eingesparte Energie 60%, 40% auf Einsparungen beim Primärrohstoff [4].

8 Beanspruchung von Werkstoffen

In technischen Konstruktionen haben Werkstoffe bzw. Bauteile eine Vielzahl funktioneller Aufgaben zu erfüllen und sind zahlreichen Beanspruchungen ausgesetzt. Die Analyse dieser Beanspruchungen ist Voraussetzung für das Verständnis von Werkstoffeigenschaften und Werkstoffschädigungsprozessen und bildet die Basis für eine funktionsgerechte Werkstoffauswahl.

Eine Übersicht über die möglichen Beanspruchungen von Werkstoffen und Bauteilen in technischen Anwendungen gibt Bild 8-1. Im oberen Teil ist vereinfacht dargestellt, dass Werkstoffe durch verschiedene Verfahrenstechnologien hergestellt, und dann durch geeignete Fertigungstechniken zu Bauteilen weiterverarbeitet werden. Hierbei ist zu beachten, dass durch die verfahrens- und fertigungstechnischen Einflüsse bereits Bauteileigenschaften vorgeprägt werden, z. B.:

– Formeigenschaften und fertigungsbedingte Eigenspannungen in Oberflächenbereichen von Bauteilen infolge lokaler inhomogener Deformationen bei der spangebenden oder spanlosen Formgebung.

– Fertigungsbedingte Oberflächenstrukturen in Form von oberflächenverfestigten Werkstoffbereichen und der Ausbildung von Reaktions- und Kontaminationsschichten mit einer vom Grundwerkstoff verschiedenen chemischen Zusammensetzung und Mikrostruktur, sowie dem Vorhandensein von Kerben.

Die funktionsbedingten Beanspruchungen können wie in Bild 8-1 in Volumenbeanspruchungen und Oberflächenbeanspruchungen eingeteilt werden, die durch unterschiedliche Beanspruchungsarten und zeitliche Abläufe gekennzeichnet sind und in ihrer Überlagerung Komplexbeanspruchungen ergeben.

8.1 Volumenbeanspruchungen

Als Volumenbeanspruchungen werden diejenigen Beanspruchungen bezeichnet, die zu einer Verformung des Bauteil-Volumens führen.

Nach der Festigkeitslehre (E 5) unterscheidet man die Grundbeanspruchungen Zug bzw. Druck, Schub, Biegung, Torsion, siehe Bild 8-2.

Je nach den Beanspruchungsverhältnissen liegen einachsige oder mehrachsige Beanspruchungen vor. Formänderungen von Bauteilen können auch durch thermisch induzierte Spannungen bewirkt werden.

8.2 Oberflächenbeanspruchungen

Die auf die Oberflächen von Werkstoffen und Bauteilen einwirkenden Beanspruchungen und die Art und Funktion technischer Oberflächen lassen sich in die in Bild 8-3 dargestellten Gruppen einteilen [1].

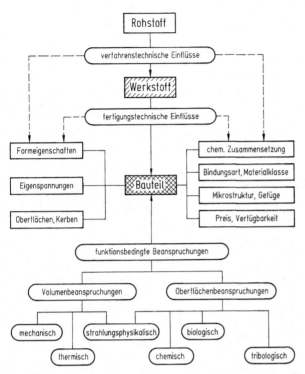

Bild 8-1. Herstellungs- und funktionsbedingte Einflüsse und Beanspruchungen von Bauteilen

8.3 Zeitlicher Verlauf von Beanspruchungen

Volumenbeanspruchungen können konstant sein (statische Beanspruchung, Zeitstandbeanspruchung) oder sich periodisch (Schwingungsbeanspruchung) oder stochastisch (Betriebsbeanspruchung) ändern. Die hauptsächlichen Beanspruchungs-Zeit-Funktionen sind in Bild 8-4 dargestellt.

Der zeitliche Verlauf tribologischer Beanspruchungen wird gekennzeichnet durch kinematische Bewegungsformen (Gleiten, Wälzen, Prallen, Stoßen, Strömen) sowie zeitliche Bewegungsverläufe (kontinuierlich, intermittierend, repetierend, oszillierend).

Überlagern sich verschiedene Beanspruchungen (Art und zeitlicher Verlauf, Beanspruchungsmedien usw.), so spricht man von Komplexbeanspruchungen.

8.4 Umweltbeanspruchung und Umweltsimulation

Produkte und Materialien unterliegen während des gesamten Lebenszyklus (siehe Bild 1-1) Beanspruchungen aus der Umwelt, die die Lebensdauer und damit die Zuverlässigkeit beeinflussen können. Diese Beanspruchungen erfolgen häufig über die Materialoberfläche (siehe Bild 8-3). Tabelle 8-1 gibt einen Überblick über wichtige Umwelteinflüsse.

Bezüglich ihrer Empfindlichkeit gegenüber Umwelteinflüssen gibt es einen deutlichen Unterschied zwischen den erheblich unempfindlicheren anorganischen Materialien wie Metallen und organischen, also auf Kohlenstoffverbindungen basierenden Werkstoffen.

Unerwünschte Veränderungen sind in der Regel irreversible Veränderungen (Alterung, siehe Abschnitt 10.2). Diese sind vor allem chemischer Natur und beruhen im Wesentlichen auf Oxidationsreaktionen (Korrosion von Metallen wie auch Degradation von Kunststoffen). Unerwünschte Veränderungen auf molekularer Ebene akkumulieren sich über die Dauer der Einwirkung bis sie schließlich zu makroskopischen Eigenschaftsänderungen führen.

Nicht nur konstante Beanspruchungen auf einem hohen Niveau können zu Schädigungen führen, auch der schnelle Wechsel zwischen Zuständen (besonders bei

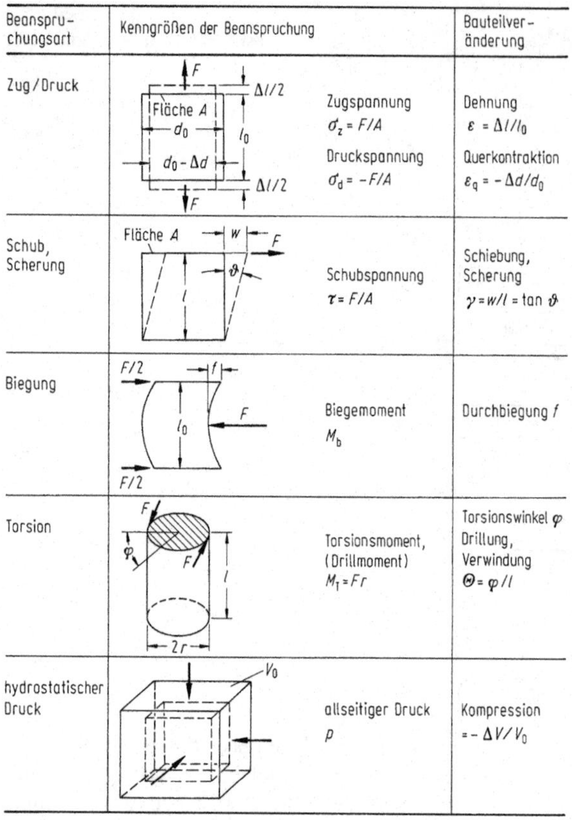

Beanspru-chungsart	Kenngrößen der Beanspruchung		Bauteilver-änderung
Zug/Druck		Zugspannung $\sigma_z = F/A$ Druckspannung $\sigma_d = -F/A$	Dehnung $\varepsilon = \Delta l/l_0$ Querkontraktion $\varepsilon_q = -\Delta d/d_0$
Schub, Scherung		Schubspannung $\tau = F/A$	Schiebung, Scherung $\gamma = w/l = \tan \vartheta$
Biegung		Biegemoment M_b	Durchbiegung f
Torsion		Torsionsmoment, (Drillmoment) $M_t = F r$	Torsionswinkel φ Drillung, Verwindung $\Theta = \varphi/l$
hydrostatischer Druck		allseitiger Druck p	Kompression $= -\Delta V/V_0$

Bild 8-2. Beanspruchung von Werkstoffen: Übersicht über Volumen-Grundbeanspruchungsarten

Temperatur- oder Feuchtewechseln). In den meisten Fällen zeigen sich Schädigungen nicht als Summe der Einzelschädigungen durch die individuellen Beanspruchungsfaktoren, sondern es treten ausgeprägte Synergismen und Antagonismen auf.

Die Umweltsimulation dient der Beschreibung der Schädigungsmechanismen durch Umwelteinflüsse. Dabei spielen zeitraffende Methoden eine große Rolle. Für die Simulation der Umwelteinflüsse gibt es genormte Verfahren. Für elektrotechnische Produkte beschreibt DIN EN 60068-2 (Umweltprüfungen) Verfahren für die folgenden Beanspruchungen: Kälte, trockene Wärme, feuchte Wärme, Schock, Schwingungen, Beschleunigung, Schimmelwachstum, korrosive Atmosphären (z. B. Salznebel), Staub und Sand, Luftdruck, Temperaturwechsel, Dichtheit, Wasser, Strahlung, Löten, Widerstandsfähigkeit der Anschlüsse.

Die Aufgabe des Ingenieurs ist es, Produkte so zu gestalten, dass sie den Umwelteinflüssen möglichst lange standhalten. Die schädigende Wirkung von Umwelteinflüssen auf Werkstoffe ist vorgegeben und unveränderbar. Durch Auswahl des Basismaterials und schützende Zusätze (vor allem bei Kunststoffen) kann jedoch die Kinetik der Schädigung beeinflusst werden (siehe Bild 8-5).

Das Ausfallverhalten vieler technischer Produkte kann durch die so genannte „Badewannenkurve" beschrieben werden (siehe Bild 8-5). Bei der Auftragung der Ausfallrate gegen die Zeit wird zuerst eine höhere Anzahl von Frühausfällen beobachtet, die aber mit der Zeit abfallen [2]. Diese Ausfälle rühren von Fehlern in der Produktion her. Es folgt eine Zeitspanne mit nahezu konstanter Ausfallrate (Zufallsausfälle). Gegen Ende der Produktlebensdauer steigt die Ausfallrate wieder an (Verschleißausfälle).

Art und Funktion technischer Oberflächen	Oberflächenbeanspruchung	Oberflächenveränderung bzw.- schädigung
Außenflächen von techn. Produkten aller Art (Sichtflächen, Deckflächen, Signalflächen)	mechanisch unbeansprucht (Klima- bzw. Umweltbeanspruchung)	Adsorption, Verschmutzung, Verwitterung
Oberflächen, die Wärme, Strahlung oder elektr. Strom ausgesetzt sind (Isolierflächen, elektr. Kontakte)	thermische, strahlungs-physikalische, elektr. Beanspruchung	Passivierung, Oxidation, Verzunderung
Oberflächen in Kontakt mit leitenden Flüssigkeiten (Behälter, Karosserieteile)	elektrochemische Beanspruchung	Korrosion, Elektrolyse
Oberflächen in Kontakt mit strömenden Medien (Rohrleitungen, Ventile)	Strömungsbeanspruchung	Kavitation, Erosion
Oberflächen in Kontakt mit bewegten Gegenkörpern (Lager, Bremsen, Getriebe)	tribologische Beanspruchung (Reibbeanspruchung)	Kontaktdeformation, Verschleiß
Oberflächen in Kontakt mit Mikroorganismen	biologische Beanspruchung	biologische Schädigung

Bild 8-3. Beanspruchungsarten von Werkstoffoberflächen

Tabelle 8-1. Wichtige Umwelteinflüsse

Art der Beanspruchung	Natürliche Ursache	Anthropogene Ursache
Klima	**Natürliches Klima**	**Künstliches Klima**
Wärme, Kälte		
Feuchtigkeit		
Luftdruck		
Salzwasser, Aerosole		
Niederschläge		
Stäube		
Vibrationen	Erdbeben	Transporterschütterungen
Energiereiche Strahlung (Röntgen, Elektronen)	radioaktive Isotope	künstliche Strahlungsquellen
Chemischer und biologischer Angriff	Pilze, Bakterien	Säuren, Laugen

Zur Senkung der Frühausfallrate wird das Verfahren des Environmental Stress Screening (ESS) eingesetzt. Mit geeigneten Stressprüfungen, die über eine normale Endkontrolle hinausgehen, werden Schwachstellen

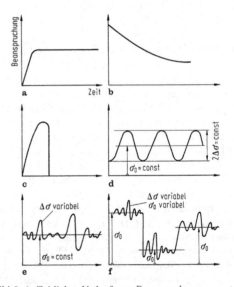

Bild 8-4. Zeitlicher Verlauf von Beanspruchungen. **a** statische Langzeitbeanspruchung (Zeitstandbeanspruchung), **b** Entspannungsbeanspruchung, **c** zügige Kurzzeit- oder Stoßbeanspruchung, **d** periodische Schwingbeanspruchung mit konstanter Schwingamplitude und Vorlast, **e** Schwingbeanspruchung mit konstanter Vorlast und variablen Schwingamplituden, **f** Schwingbeanspruchung mit variablen Mittel- und Schwingamplituden

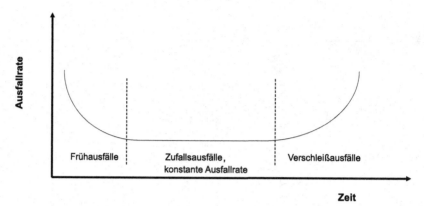

Bild 8-5. „Badewannenkurve" der Ausfallrate als Funktion der Betriebsdauer

und Vorschäden sichtbar gemacht. Die Produkte, die ESS überstehen, haben dann eine deutlich geringe Frühausfallrate [3].

9 Werkstoffeigenschaften und Werkstoffkennwerte

Für technische Anwendungen sind Werkstoffe so auszuwählen, dass sie den funktionellen Anforderungen entsprechen, sich gut bearbeiten und fügen lassen, verfügbar und wirtschaftlich sind sowie den Sicherheits-, Qualitäts- und Umweltschutzerfordernissen gerecht werden. Werkstoffe besitzen naturgemäß individuelle Eigenschaftsprofile; ihre Kenndaten sind bekanntlich keine „Konstanten". Die in diesem Kapitel zusammengestellten, technisch wichtigsten Werkstoffeigenschaften und typischen Kenndaten sollen einen Eigenschaftsvergleich und überschlägige Berechnungen für technische Anwendungen ermöglichen (Quelle: [1]). Für endgültige Konstruktionsberechnungen, Funktionsbeurteilungen oder Schadensanalysen müssen in jedem Fall genaue Herstellungsspezifikationen oder Materialprüfdaten der betreffenden Werkstoffe verwendet werden, siehe 11.

9.1 Dichte

Die Dichte $\rho = m/V$ eines (homogenen) Körpers ist das Verhältnis seiner Masse m zu seinem Volumen V. Die Dichte von Festkörpern wird durch die Atommassen und den mittleren Atomabstand bestimmt. Die meisten Metalle haben große Dichten, da sie hohe Atommassen und Packungsdichten besitzen. Die Atome von Polymeren und vielen keramischen Stoffen (C, H, O, N) sind dagegen leicht und besitzen häufig auch eine geringere Packungsdichte; die Dichte dieser Werkstoffe ist daher z. T. erheblich niedriger.

In anwendungstechnischer Hinsicht ist die Dichte zur Beurteilung des Festigkeits-Dichte-Verhältnisses von Strukturwerkstoffen (z. B. Leichtbaumaterialien) von Bedeutung, siehe Bild 9-1. In Tabelle 9-1 sind die Dichtewerte verschiedener Werkstoffe zusammengestellt.

9.2 Mechanische Eigenschaften

Die mechanischen Eigenschaften kennzeichnen das Verhalten von Werkstoffen gegenüber äußeren Beanspruchungen (siehe 8.1), wobei drei Stadien unterschieden werden können:

- Reversible Verformung: Vollständiger Rückgang einer Formänderung bei Entlastung entweder sofort (Elastizität) oder zeitlich verzögert (Viskoelastizität).
- Irreversible Verformung: Bleibende Formänderung auch nach Entlastung (Plastizität, Viskoplastizität).
- Bruch: Trennung des Werkstoffs infolge der Bildung und Ausbreitung von Rissen in makroskopischen Bereichen.

Der Widerstand eines Werkstoffs gegen Eindringen eines anderen Körpers wird als Härte bezeichnet, siehe auch 11.5.3.

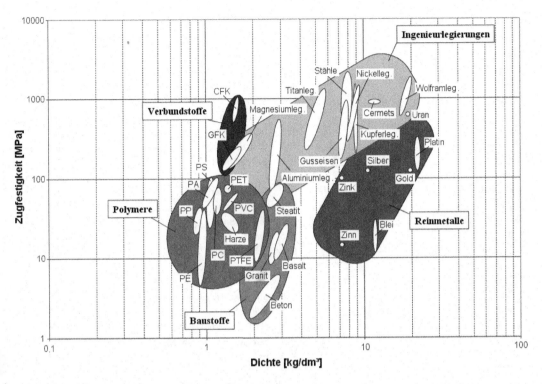

Bild 9-1. Zugfestigkeit R_m über Dichte ρ für verschiedene Werkstoffe und Werkstoffgruppen (nach Ashby)

9.2.1 Elastizität

Die Elastizität von Werkstoffen kann mithilfe von Spannungs-Verformungs-Diagrammen, die z. B. aus Zug- oder Druckversuchen experimentell bestimmt werden, (siehe 11.5) wie folgt gekennzeichnet werden, siehe Bild 9-2:

Linear-elastisches Verhalten, Bild 9-2a: Für isotrope Stoffe besteht Proportionalität zwischen der einwirkenden Spannung und der resultierenden Verformung in Form des Hooke'schen Gesetzes

$\sigma = E \cdot \varepsilon$ für Normalspannungen
   (E Elastizitätsmodul)

$\tau = G \cdot \gamma$ für Schubspannungen
   (G Schubmodul)

$p_0 = K \cdot k$ für hydrostatischen Druck
   (K Kompressionsmodul).

Bei anisotropen Stoffen muss im allgemeinen Fall von Spannungs- und Verformungstensoren sowie von richtungsabhängigen elastischen Konstanten ausgegangen werden, siehe Teil E.

Zwischen den elastischen Konstanten E, G, K und der Poisson-Zahl $v = -\varepsilon_q/\varepsilon$ gelten im isotropen Fall folgende Relationen:

$$E = 3(1 - 2v)K; E = 2(v + 1)G .$$

Nach Bild 9-2a wird beim Entlasten die Verformungsenergie wieder vollständig zurückerhalten. Bei hinreichend kleinen Verformungen ($\varepsilon < 0{,}1\%$) sind alle Festkörper linear-elastisch.

Nichtlinear-elastisches Verhalten, Bild 9-2b: Es besteht keine Proportionalität zwischen der einwirkenden Spannung und der resultierenden Verformung; jedoch wird beim Entlasten die Verfor-

Tabelle 9-1. Dichte von Werkstoffen

Werkstoff	ϱ kg/dm³	Werkstoff	ϱ kg/dm³
Osmium	22,6	Berylliumoxid	2,9
Platin	21,5	Kalkstein	2,7 ... 2,9
Wolframlegierungen	17,0 ... 19,8	Aluminiumlegierungen	2,6 ... 2,9
Wolfram	19,3	Marmor	2,6 ... 2,9
Gold	19,3	Aluminium	2,7
Uran	19,0	Siliciumdioxid	2,2 ... 2,6
Tantallegierungen	16,6 ... 16,9	Quarzglas	2,2 ... 2,6
Tantal	16,6	Polymerbeton	2,4 ... 2,5
Wolframcarbid	15,6	Porzellan	2,2 ... 2,5
Hartmetall	9,0 ... 15,0	Polytetrafluorethylen	2,1 ... 2,3
Cermets	11,0 ... 12,5	Carbonfasern	1,7 ... 2,2
Blei	11,7	Silikastein	1,9
Silber	10,5	Sandstein	1,6 ... 1,9
Molybdän	10,2	Schamottestein	1,6 ... 1,9
Nickellegierungen	7,8 ... 9,2	Magnesiumlegierungen	1,4 ... 1,9
Nickel	8,9	Graphit	1,8
Kobalt	8,9	Siliconkautschuk	1,3 ... 1,8
Kupfer	8,9	Magnesium	1,7
Bronze	7,5 ... 8,8	glasfaserverstärkte Kunststoffe	1,3 ... 1,7
Messing	8,3 ... 8,7	carbonfaserverstärkte Kunststoffe	1,5 ... 1,6
Niob	8,6	Pflanzenfasern	1,3 ... 1,6
Stahl, austenitisch	7,8 ... 8,0	Polyvinylchlorid	1,3 ... 1,6
Stahl, ferritisch	7,8 ... 7,9	Harnstoffharz	1,5
Gusseisen	7,2 ... 7,8	Melaminharz	1,5
Zinn	7,3	polymerfaserverstärkte Kunststoffe	1,2 ... 1,5
Chrom	7,2	Polyoxymethylen	1,4
Zinklegierungen	5,0 ... 7,2	Polyethylenterephthalat	1,4
Zink	7,1	Polyimid	1,4
Zirconiumkarbid	6,7	Polyesterharz	1,1 ... 1,4
Zircon	6,5	Tierfasern	1,2 ... 1,4
Glas	2,2 ... 6,3	Epoxidharz	1,1 ... 1,4
Titanlegierungen	4,4 ... 5,7	Phenolharz	1,3
Titancarbid	4,9	Polyurethan-Kautschuk	1,0 ... 1,25
Titan	4,5	Polycarbonat	1,20
Alumiumoxid	3,6 ... 4,0	Polymethylmethacrylat	1,18
Magnesiumoxid	3,6	Polyamid	1,01 ... 1,18
Diamant	3,5	Laubholz	0,53 ... 1,08
Siliciumcarbid	3,2	Polystyrol	1,04 ... 1,07
Siliciumnitrid	3,2	Polyethylen	0,91 ... 0,97
Basalt	2,8 ... 3,2	Polypropylen	0,85 ... 0,94
Steatit	2,5 ... 3,0	Styrol-Butadien-Kautschuk	0,93
Granit	2,6 ... 2,8	Sperrholz	0,80 ... 0,90
Beton	2,0 ... 2,8	Nadelholz	0,30 ... 0,61

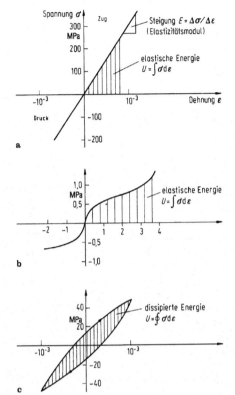

Bild 9-2. Elastisches Verhalten von Werkstoffgruppen. **a** Linear-elastisches Verhalten (z. B. Stahl), **b** nichtlinear-elastisches Verhalten (z. B. Gummi), **c** anelastisches Verhalten (z. B. GFK)

mungsenergie auch vollständig zurückerhalten. Ein derartiges Verhalten weist z. B. Gummi bis zu sehr großen Dehnungen (ca. 500%) auf.

Anelastisches Verhalten, Bild 9-2c: Die Verformungskurven fallen bei Be- und Entlastung nicht zusammen (elastische Hysterese), sodass Energie entsprechend der schraffierten Fläche in Bild 9-2c dissipiert wird. Ein anelastisches Verhalten ist z. B. für die Vibrationsdämpfung günstig.

Der E-Modul stellt eine wichtige, die Steifigkeit von Werkstoffen charakterisierende Werkstoffkenngröße dar. In atomistischer Deutung kann der E-Modul mit der Federkonstante $c = dF/ds$ der Bindungskraft F zwischen den atomaren Bestandteilen von Festkörpern in Verbindung gebracht und aus der Bindungsenergie-Abstands-Funktion $U(s)$, (vgl. Bild 2-1) gemäß $E = c/s = (dF/ds)/s = (d^2U/ds^2)/s$ abgeschätzt werden. Als theoretische Obergrenze ergibt sich für die kovalente C–C-Diamantbindung ein Wert von 1000 GPa [2]. Eine Zusammenstellung der E-Modulen technischer Werkstoffe gibt Tabelle 9-2. Informationen zum Verhältnis E-Modul zu Dichte liefert Bild 9-3.

9.2.2 Viskoelastizität

Werkstoffe mit nichtkristalliner Mikrostruktur, wie z. B. Polymere, sind beim Einwirken einer konstanten Beanspruchung durch ein zeitabhängiges Verformungsverhalten mit folgenden Deformationsanteilen gekennzeichnet [3], siehe Bild 9-4:
Elastisches Verhalten, d. h. linearer Zusammenhang zwischen Spannung σ_0 und Dehnung ε_{el}:

$$\varepsilon_{el} = \frac{\sigma_0}{E_0} \ (E_0 \ \text{Elastizitätsmodul})$$

Viskoses (plastisches) Verhalten, d. h. lineare Abhängigkeit der Dehnung von der Zeit (*Fließen*):

$$\varepsilon_v = \frac{\sigma_0}{\eta_0} \cdot t \ (\eta_0 \ \text{Viskosität})$$

Viskoelastisches Verhalten, d. h. zeitabhängige reversible Verformung:

$$\varepsilon_r = \frac{\sigma_0}{E_r}[1 - \exp(-t/\tau)]$$

(E_r Relaxationsmodul; τ Relaxationszeit)

Als Gesamtverformung ergibt sich:

$$\varepsilon_{tot} = \left(\frac{1}{E_0} + \frac{t}{\eta_0} + \frac{1}{E_r}[1 - \exp(-t/\tau)]\right)\sigma_0 .$$

Hiervon ist nur das viskose, plastische Fließen irreversibel, während das viskoelastische Verhalten ein reversibles Kriechen ist. Bei einer (schnellen) Entlastung formt sich die Probe sofort um den elastischen Anteil ε_{el} und verzögert um den relaxierenden Anteil ε_r zurück.
Relaxationsmodul E_r, als Maß für den Widerstand gegen eine viskoelastische Verformung, und Relaxationszeit τ, als Maß für die relaxierende Verformungsgeschwindigkeit, werden aus Dehnungs-Zeit-Kurven bestimmt.

Tabelle 9-2. Elastizitätsmodul von Werkstoffen

Werkstoff	E GPa	Werkstoff	E GPa
Diamant	900	Kalkstein	80
Wolframcarbid	420 … 710	Gold	80
Carbonfasern	260 … 690	Aluminiumlegierungen	68 … 82
Hartmetall	343 … 667	Marmor	75
Osmium	560	Quarzglas	75
Cermets	400 … 530	Aluminium	69
Siliciumkarbid	260 … 470	Granit	62
Titancarbid	310 … 460	Silber	54
Wolfram	415	Zinn	50
Aluminiumoxid	210 … 390	Magnesiumlegierungen	42 … 47
Molybdän	325	Magnesium	44
Magnesiumoxid	303	Beton	25 … 38
carbonfaserverstärkte Kunststoffe	70 … 275	Graphit	3 … 30
Chrom	250	glasfaserverstärkte Kunststoffe	15 … 28
Nickellegierungen	150 … 222	Laubholz, parallel zur Faser	6 … 23
Stahl, ferritisch	108 … 212	Blei	19
Nickel	210	Sperrholz	4 … 16
Kobalt	210	Nadelholz, parallel zur Faser	5 … 13
Uran	176 … 201	Melaminharz	8 … 10
Stahl, austenitisch	192 … 200	Harnstoffharz	5 … 9
Tantal	185	Phenolharz	2,8 … 4,8
Gusseisen	66 … 172	Polyesterharz	2,1 … 4,4
Platin	172	Polystyrol	2,3 … 4,1
Mullit	145 … 130	Polyvinylchlorid	2,1 … 4,1
Kupfer	100 … 130	Polymethylmethacrylat	3 … 4
Titanlegierungen	82 … 130	Polyethylenterephthalat	2,0 … 4,0
Bronze	105 … 124	Epoxidharz	1,5 … 3,6
Messing	78 … 123	Polyamid	1,5 … 3,3
Glas	52 … 110	Polyimid	2,0 … 3,0
Zink	105	Polycarbonat	2 … 2,4
Titan	103	Polypropylen	0,7 … 1,5
Niob	103	Laubholz, senkrecht zur Faser	0,6 … 1
Zirkonlegierungen	96 … 99	Polyethylen	0,6 … 0,9
Steatit	88 … 98	Polytetrafluorethylen	0,5 … 0,8
Zinklegierungen	63 … 97	Nadelholz, senkrecht zur Faser	0,3
Porzellan	60 … 90	Siliconkautschuk	0,005 … 0,02

Das komplexe Verformungsverhalten kann durch Kombination von Federelementen (elastische Deformation) und Dämpfungselementen (viskose Deformation) modelliert werden, siehe Bild 9-5:

– Maxwell-Modell, beschreibt das elastisch-plastische Verhalten durch Hintereinanderschaltung von Feder- und Dämpfungselement.

– Voigt-Kelvin-Modell, beschreibt das viskoelastische Verhalten durch Parallelschaltung von Feder- und Dämpfungselement.

– Burgers-(4-Parameter-)Modell, beschreibt das resultierende Gesamtverhalten durch Hintereinanderschalten eines Maxwell- und Voigt-Kelvin-Modells.

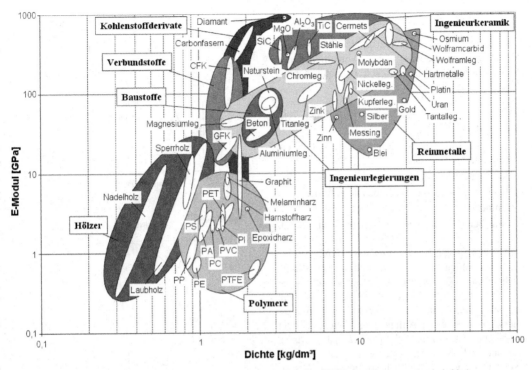

Bild 9-3. Elastizitätsmodul E über Dichte ρ für verschiedene Werkstoffe und Werkstoffgruppen (nach Ashby)

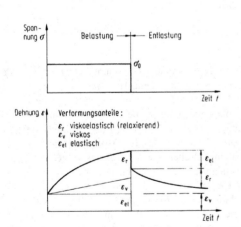

Bild 9-4. Verformungsverhalten von Werkstoffgruppen mit elastischen, viskosen und viskoelastischen Deformationsanteilen

Je nachdem, ob Spannung oder Verformung vorgegeben werden, unterscheidet man:

Verformungsrelaxation verzögertes Einstellen der Verformung bei vorgegebener Spannung,

Spannungsrelaxation: allmähliche Abnahme der Spannung in einem Werkstoff bei Aufrechterhaltung einer bestimmten Verformung.

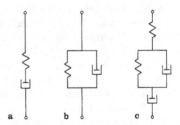

Bild 9-5. Modelle zur Kennzeichnung des komplexen Verformungsverhaltens von Werkstoffen. **a** Maxwell-Modell, **b** Voigt-Kelvin-Modell, **c** Burgers-Modell

9.2.3 Festigkeit und Verformung

Als Festigkeit wird die Widerstandsfähigkeit eines Werkstoffs oder Bauteils gegen Verformung und Bruch bezeichnet. Die Festigkeit ist hauptsächlich abhängig von:

– Werkstoff (chemische Natur, Bindungen, Mikrostruktur),
– Proben- bzw. Bauteilgeometrie (Form, Rauheit, Kerben),
– Beanspruchungsart,
– Beanspruchungs-Zeit-Funktion (siehe Bild 8–4),
– Temperatur,
– Umgebungsbedingungen (z. B. korrosive Medien).

Die Festigkeit von Werkstoffen wird durch mechanisch-technologische Prüfverfahren bestimmt (siehe 11.5). Die wichtigste Festigkeitsprüfung ist der Zugversuch (DIN EN ISO 6 892-1), bei dem eine Zugprobe definierter Abmessungen (Anfangsquerschnittsfläche S_0, Anfangsmesslänge L_0) unter vorgegebener Geschwindigkeit $d(L/L_0)/dt = d\varepsilon/dt$ gedehnt und die dabei erforderliche Prüfkraft F (Nennspannung $\sigma = F/S_0$) bestimmt wird. Aus einem Zugversuch resultiert ein Spannungs-Dehnungs-(σ, ε)-Diagramm, siehe Bild 9–6, mit dem die folgenden *Kenngrößen* definiert werden können:
Dehngrenze (Fließgrenze) R_p: d. i. die Spannung F/S_0 bei beginnender plastischer Verformung.
0,2%-Dehngrenze $R_{p0,2}$: d. i. F/S_0 bei einer bleibenden Verformung von 0,2%. Neben $R_{p0,2}$ werden auch die 0,01%-Dehngrenze (technische Elastizitätsgrenze) oder die 1%-Dehngrenze bestimmt. Die 0,2%-Dehngrenze wird immer dann verwendet, wenn sich der Werkstoff allmählich plastisch verformt, ohne dass eine ausgeprägte Fließgrenze auftritt.
Zugfestigkeit R_m: Nennspannung beim Belastungsmaximum F_m/S_0.
Werkstoffe mit nicht stetigem Spannungs-Dehnungs-Verlauf (z. B. weicher Stahl, siehe Bild 9–6b) werden zusätzlich gekennzeichnet durch die Streckgrenze R_{eH}: d. i. die Spannung, bei der mit zunehmender Dehnung die Zugkraft erstmalig gleichbleibt oder abfällt. (Bei größerem Spannungsabfall wird zwischen oberer Streckgrenze R_{eH} und unterer Streckgrenze R_{eL} unterschieden.)

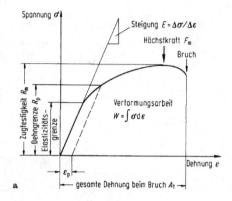

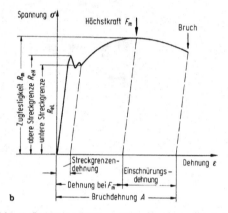

Bild 9–6. Spannungs-Dehnungs-Diagramme von Werkstoffen. **a** Werkstoff ohne Streckgrenze (z. B. Aluminium), **b** Werkstoff mit Streckgrenze (z. B. Stahl)

Mit einem Spannungs-Dehnungs-Diagramm werden außerdem verschiedene *Verformungskenngrößen* definiert, wie z. B. die Bruchdehnung A: die auf die Anfangsmesslänge L_0 bezogene Differenz von Messlänge nach dem Bruch (L_u) und Anfangsmesslänge (L_0): $A = (L_u - L_0)/L_0$. Dabei wählt man in vielen Fällen zwischen der Anfangsmesslänge L_0 und dem Anfangsquerschnitt S_0 die Beziehung $L_0 = k \cdot \sqrt{S_0}$ mit $k = 5{,}65$, bei Proben mit kreisrundem Querschnitt $L_0 = 5d$ (sog. proportionale Proben). Kennzeichnend für die Verformungsfähigkeit (Duktilität) des metallischen Werkstoffes ist die Brucheinschnürung Z: Anfangsquerschnitt S_0 minus kleinster Probenquerschnitt nach dem Bruch (S_u) bezogen auf den Anfangsquerschnitt S_0, $Z = S_0 - S_u/S_0$.

Aus den Spannungs-Dehnungs-Diagrammen kann weiterhin die Verformungsarbeit

$$W = \int_0^{A_t} \sigma \, d\varepsilon \qquad (9\text{-}1)$$

bestimmt werden.

Die Festigkeitskennwerte des Zugversuchs (nach DIN EN ISO 6 892-1) bilden eine Grundlage für die Dimensionierung von Bauteilen und die Abschätzung der Belastbarkeit von Konstruktionen. Verformungskennwerte gestatten die Beurteilung der Duktilität des Werkstoffs bei der Umformung und der für die Sicherheit wichtigen Verformungsreserven von Komponenten. In Tabelle 9-3 sind Daten der Zugfestigkeit R_m für zahlreiche Werkstoffe zusammengestellt. Einen Vergleich der Zugfestigkeit von Werkstoffen aus den grundlegenden Werkstoffklassen gibt Bild 9-1.

Die Festigkeitswerte hängen von der Mikrostruktur der Werkstoffe ab. Für fehlerfreie Kristalle kann aus den Bindungsenergien abgeschätzt werden, dass die maximale theoretische Trennfestigkeit von Kristallgitterebenen etwa den Wert $E/15$ aufweist. Während die gemessenen Festigkeiten von Diamant und einigen kovalenten Kristallen annähernd dem entsprechende hohe Werte erreichen, liegen die gemessenen Festigkeiten von Metallen weit unter diesem Niveau und zwar bis um einen Faktor 10^5. Die gegenüber fehlerfreien Kristallen niedrigen Festigkeiten sind im Vorhandensein von Versetzungen begründet (vgl. 2.2). Der Grundvorgang der Kristallplastizität besteht im Abgleiten von Versetzungen, wobei Gitterebenen nicht gleichzeitig, sondern nacheinander geschert werden. Die beim Einsetzen einer plastischen Verformung (Fließgrenze) gemessenen Schubspannungen stimmen gut mit theoretisch berechneten Spannungen τ_{id} zum Bewegen von Versetzungen überein:

$$\tau_{id} = G \cdot b / 2\varrho^{1/2}$$

G Schubmodul

b Betrag des Burgers-Vektors

ϱ Versetzungsdichte

Bei kovalenten und heteropolaren Kristallen resultieren hohe Schubspannungen, da bei der Versetzungsbewegung starke gerichtete Bindungen gebrochen werden, bzw. sich mit der Versetzung Atome gleicher

Ladung aneinander vorbei bewegen. In Metallen sind dagegen Versetzungen leicht beweglich, da die metallische Bindung weder gerichtet ist noch Ionen aufweist. Die in (geglühten) Metallkristallen normalerweise vorliegende Versetzungsdichte von 10^6 bis $10^8 \, cm^{-2}$ kann bei einer plastischen Deformation durch den sog. Frank-Read-Mechanismus (Versetzungsmultiplikation) auf $\varrho = (10^{10} \ldots 10^{12}) \, cm^{-2}$ ansteigen. Hierdurch erhöht sich τ_{id}, und es tritt eine Verformungsverfestigung ein.

Die Abgleitung von Versetzungen bei der plastischen Deformation von Metallen erfolgt längs bestimmter kristallographischer Ebenen (Gleitebenen) in bestimmten Gleitrichtungen. Die aus Gleitebene und Gleitrichtung bestehenden Gleitsysteme sind für Gittertyp und Bindungsart charakteristisch, z. B.:

- kubisch flächenzentriertes (kfz) Gitter: vier Scharen von {111}-Gleitebenen; ⟨110⟩-Gleitrichtungen
- kubisch raumzentriertes (krz) Gitter: drei Scharen von {110}-Gleitebenen; ⟨111⟩-Gleitrichtungen
- hexagonal dichtgepacktes (hdp) Gitter: eine Schar von {0001}-Gleitebenen; ⟨1120⟩-Gleitrichtungen

Das plastische Verformungsverhalten einer Kristallstruktur wird wesentlich durch die Zahl und die Besetzungsdichte der Gleitsysteme bestimmt. Metalle mit kfz Gitter besitzen vier {111}-Gleitebenen mit jeweils drei ⟨110⟩-Gleitrichtungen, sodass bei kfz Metallen in jedem Korn 12 voneinander unabhängige Gleitmöglichkeiten für Versetzungsbewegungen bestehen. Da außerdem die atomare Belegungsdichte in diesen Gleitebenen sehr groß ist, besitzen kfz Metalle eine bessere plastische Verformbarkeit als krz oder hdp Metalle.

9.2.4 Kriechen und Zeitstandverhalten

Als Kriechen wird die bei konstanter Langzeitbeanspruchung auftretende, von der Zeit t und der Temperatur T abhängige Verformung $\varepsilon = f(\sigma, t, T)$ bezeichnet. Ursache des Kriechens sind thermisch aktivierte Prozesse (z. B. Versetzungs- und Korngrenzenbewegungen), die bei Temperaturen einsetzen, die von der Werkstoffart und der Schmelztemperatur T_m (bzw. der Glastemperatur T_g) abhängig sind:

$T > (0{,}3 \ldots 0{,}4)T_m$ (Metalle)

$T > (0{,}4 \ldots 0{,}5)T_m$ (keramische Werkstoffe)

Tabelle 9–3. Zugfestigkeit von Werkstoffen

Werkstoff	R_m MPa	Werkstoff	R_m MPa
Glasfasern	3100 ... 4800	Glasfaserverst. Kunststoffe	140 ... 240
Borfasern	3400 ... 4800	Magnesium	150 ... 200
SiC-Fasern	2400 ... 3800	Aluminium	70 ... 165
Carbonfasern	1500 ... 3500	Zink	100 ... 150
Aramidfasern	600 ... 2800	Polyimid	70 ... 150
Hochfeste Stähle	1380 ... 2100	Gold	127 ... 131
Wolfram	620 ... 1860	Silber	125
Stahl, ferritisch	310 ... 1850	Pflanzenfasern	50 ... 120
Stahl, austenitisch	450 ... 1600	Polyamid	50 ... 100
Kupferlegierungen	220 ... 1460	Polystyrol	27 ... 100
Nickellegierungen	490 ... 1420	Epoxidharz	45 ... 90
Titanlegierungen	240 ... 1300	Polyesterharz	41 ... 90
Tantallegierungen	300 ... 1160	Polyethylenterephthalat	80
carbonfaserverstärkte Kunststoffe	550 ... 1050	Steatit	50 ... 80
Bronze	270 ... 1000	Polycarbonat	55 ... 75
Kobalt	944	Polymethylmethacrylat	40 ... 72
Cermets	900	Polyvinylchlorid	41 ... 65
Messing	230 ... 900	Phenolharz	35 ... 62
Gusseisen	180 ... 900	Beton (Druck)	32 ... 60
Uran	650	Polypropylen	21 ... 41
Titan	240 ... 640	Porzellan	15 ... 40
Molybdän	435 ... 630	Polytetrafluorethylen	10 ... 40
Zirkonlegierungen	170 ... 590	Polyethylen	5 ... 40
Niob	240 ... 580	Melaminharz	30
Betonstahl	500 ... 550	Blei	12 ... 30
Aluminiumlegierungen	130 ... 550	Harnstoffharz	25
Nickel	310 ... 530	Basalt	15 ... 25
Tantal	200 ... 480	Granit	10 ... 20
Zinklegierungen	180 ... 430	Zinn	15
Magnesiumlegierungen	150 ... 350	Beton (Zug)	2 ... 6
Platin	138 ... 330		

Die zeitabhängige Verformung beim Kriechen $\varepsilon = f(t)$ wird in Zeitstandversuchen (F bzw. σ = const, T = const) untersucht und in Form von Kriechkurven dargestellt, die i. Allg. drei Bereiche zeigen, siehe Bild 9-7:

I. Primär- oder Übergangskriechen

Die anfängliche plastische Deformation führt zu einer Werkstoffverfestigung, deren Wirkung die gleichzeitig ablaufenden Entfestigungsvorgänge übersteigt, sodass die Kriechgeschwindigkeit abnimmt und

das Kriechen durch eine logarithmische Funktion beschrieben werden kann

$$\varepsilon_1 = \alpha \cdot \log t$$

Das Primärkriechen dominiert bei tiefen Temperaturen und niedrigen Spannungen.

II. Sekundär- oder stationäres Kriechen

Das stationäre Kriechen ist die wichtigste Erscheinung für das Langzeitverhalten warmfester Werkstoffe bei höheren Temperaturen.

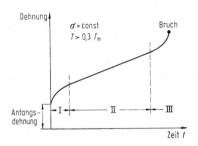

Bild 9-7. Kriechkurve: Schematische Darstellung des zeitabhängigen Verformungsverhaltens

Es besteht ein dynamisches Gleichgewicht zwischen Verfestigung und Entfestigung; die zeitproportionale Zunahme der makroskopischen Dehnung $\varepsilon = k \cdot t$ wird durch gerichtetes Korngrenzengleiten und diffusionsgesteuertes Versetzungsklettern bewirkt. Die stationäre Kriechgeschwindigkeit $\dot{\varepsilon}_s$ wird durch eine empirisch bestimmte Gleichung vom Arrhenius-Typ beschrieben:

$$\dot{\varepsilon}_s(\sigma, T) = A\sigma^n \exp(-Q/RT), \ (n \approx 5)$$

Die Konstanten A und Q (Aktivierungsenergie) sind werkstoffabhängig und müssen experimentell bestimmt werden; R ist die universelle Gaskonstante.

III. Tertiär- oder beschleunigtes Kriechen
Rasch zunehmende Kriechdehnung durch irreversible Werkstoffveränderungen und (reale) Spannungserhöhung als Folge lokaler Einschnürungen (z. B. durch Porenbildung nach Korngrenzengleiten) und Einleitung des Kriechbruchs. Die Bruchzeit t_B als Funktion der vorgegebenen Spannung σ wird in Zeitstandversuchen ermittelt und kann in einem Zeitstanddiagramm als Zeitbruchlinie ähnlich wie die Zeitdehnlinie über einer logarithmischen Zeitachse dargestellt werden.
Das Kriechen der Werkstoffe ist mit einer *Spannungsrelaxation*, d. h. dem zeitabhängigen, durch plastische Bauteilverlängerung bedingten Nachlassen einer durch Vordehnung in eine Konstruktion eingebrachten Spannung, verknüpft. (Aus diesem Grund müssen z. B. Schraubenverbindungen von Metallkonstruktionen bei Betriebstemperaturen über $0,3\ T_m$ regelmäßig nachgezogen werden.) Genormt ist der unterbrochene und nicht unterbrochene Zeitstandversuch in DIN EN ISO 204.

9.2.5 Ermüdung und Wechselfestigkeit

Als Ermüdung (oder Zerrüttung) wird das Werkstoffversagen unter wechselnder bzw. schwingender Beanspruchung bezeichnet, das durch Rissbildung gekennzeichnet ist und weit unterhalb der statischen Festigkeit R_m oder der Dehngrenze R_p auftreten kann.
Ermüdung besteht mikroskopisch in einer Zusammenballung hin- und hergleitender Versetzungslinien zu Gleitbändern mit zell- oder leiterförmigen Versetzungsstrukturen. Sie macht sich makroskopisch als Ver- oder Entfestigung bemerkbar und verändert die Probekörper-Oberflächentopographie durch Bildung von Extrusionen und Intrusionen, die als Risskeime wirken. Anrisse, die an der Oberfläche insbesondere an fehlerhaften Stellen mit Kerbwirkung gebildet werden, können schrittweise weiterwachsen, falls die Bedingungen zur Rissausbreitung gegeben sind. Hierdurch wird der Anfangsquerschnitt sukzessive vermindert; der Restquerschnitt versagt schließlich durch Gewaltbruch. Je nach Beanspruchungsart und Werkstoffbeschaffenheit können die folgenden hauptsächlichen Kategorien der Ermüdung unterschieden werden:

– Ermüdung ohne Anriss: Ein Riss existiert anfänglich nicht; der Bruch wird durch die Mechanismen der Risserzeugung bestimmt;
– Ermüdung mit Anriss: Risskeime oder Anrisse existieren; der Bruch wird durch die Mechanismen der Rissausbreitung bestimmt;
– Ermüdung bei Dauerschwingbeanspruchung (high cycle fatigue, HCF): Ermüdung bei Spannungen unterhalb der makroskopischen Fließgrenze R_p; Bruchschwingspielzahl $> 10^4$;
– Ermüdung bei Niedriglastspielzahl (low cycle fatigue, LCF): Ermüdung bei Spannungen oberhalb der makroskopischen Fließgrenze R_p; Bruchschwingspielzahl $< 10^4$.

Das Ermüdungsverhalten bzw. die Wechselfestigkeit eines Werkstoffs wird bei Zug-Druck-, Biegungs- oder Torsionsbeanspruchung unter definierten Schwingbeanspruchungs-Zeit-Funktionen (siehe Bild 8-4) im Dauerschwingversuch experimentell bestimmt (siehe 11.5.1) und in Form einer Wöhlerkurve (Spannungs-Schwingspielzahl Kurve) dargestellt, siehe Bild 9-8.

Der maximale statische Festigkeitswert (z. B. Zugfestigkeit R_m) wird mit zunehmender Schwingspielzahl N nicht mehr erreicht („Zeitfestigkeit"). Während bei einigen Werkstoffen, wie z. B. reinem Kupfer oder Aluminium ein Dauerbruch auch noch nach sehr hohen Schwingspielzahlen (bei entsprechend kleinen Schwingungsamplituden) auftritt, weisen andere Werkstoffe, wie z. B. die meisten Stahl- und einige Aluminiumlegierungen eine „Dauerfestigkeit" (horizontaler Kurvenabschnitt) auf: Für Schwingungsamplituden unterhalb einer kritischen Grenze tritt auch nach beliebig vielen Schwingspielen kein Bruch auf, der Werkstoff besitzt eine Dauer(bruch)festigkeit. Für die Wechselfestigkeit ist der effektiv wirkende Spannungszustand maßgeblich. Dieser wird gebildet durch Überlagerung des Lastspannungsfeldes (hervorgerufen durch die äußere Belastung und die durch Oberflächenfehler und Kerben bewirkten lokalen Spannungskonzentrationen) mit den im Bauteil herrschenden Eigenspannungen. Allgemein gilt, dass für die meisten Werkstoffe das Verhältnis von Wechselfestigkeit σ_W und die Streckgrenze R_e in einem breiten Bereich variieren kann [4]:

$$0{,}2 < \frac{\sigma_W}{R_e} < 1{,}2 \ .$$

9.2.6 Bruchmechanik

Die Bruchmechanik geht vom Vorhandensein von Werkstofffehlern in Form rissartiger Fehlstellen aus und untersucht den Widerstand des Werkstoffs gegen instabile (d. h. schnelle) Rissausbreitung. In der linear-elastischen Bruchmechanik wird angenommen, dass der Werkstoff sich bis zum

Bruch makroskopisch elastisch verhält; der Zusammenhang zwischen einem Riss mit vorgegebenen Abmessungen und der größten Nennspannung, die ohne Rissausbreitung ertragbar ist, wird mit elastizitätstheoretischen Methoden untersucht.

Bei einer Platte (Probe) mit einem Innenriss der Länge $2a$, die rechtwinklig zur Rissfläche durch eine Normalspannung σ belastet wird, tritt Rissausbreitung ein, wenn der kritische Wert

$$\sigma_c = \frac{K_{Ic}}{Y(\pi a)^{1/2}}$$

erreicht wird, wobei

K_{Ic} Spannungsintensitätsfaktor oder Bruchzähigkeit (bei Schubspannungen τ gelten die Werte K_{IIc} oder K_{IIIc}, siehe Bild 9-9)

Y Korrekturfaktor zur Kennzeichnung der Einflüsse von Bauteilgeometrie und Risskonfiguration.

Die Bruchzähigkeit K_{Ic} ist eine Werkstoffkenngröße, die experimentell bestimmt werden kann, indem ein Riss bekannter Länge in eine Probe eingebracht wird und diese bis zum Bruch belastet wird, ISO 12 135. Diese kritischen Werte sind stark von den Probenabmessungen abhängig. Erst bei Abmessungen, die entlang des überwiegenden Teiles der Rissfront den ebenen Dehnungszustand (EDZ) gewährleisten, werden die niedrigsten K_{Ic}-Werte erreicht; bei geringeren Abmessungen bis hin zum ebenem Spannungszustand (ESZ) sind die K_c-Werte höher. In Tabelle 9-4 sind Daten für die Bruchzähigkeit für zahlreiche Werkstoffe zusammengestellt. Aus der Kenntnis der Bruchzähigkeit kann nach obiger Gleichung bei bekannter maximaler Rissgröße die maximal zulässige Belastung, bzw. bei vorgegebener Belastung die maximal zulässige Rissgröße abgeschätzt werden.

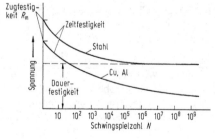

Bild 9-8. Wöhlerkurve zur Kennzeichnung der Wechselfestigkeit

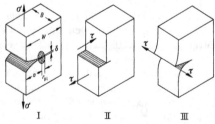

Bild 9-9. Bruchmechanik: Hauptbeanspruchungsfälle bei der Rissausbreitung

Tabelle 9-4. Bruchzähigkeit von Werkstoffen (nach Ashby und Jones [2])

Werkstoff	K_{IC} MPa · m$^{1/2}$	Werkstoff	K_{IC} MPa · m$^{1/2}$
Reinmetalle, duktil (z. B. Al, Cu, Ni)	100 … 350	Siliciumcarbid	2,5 … 5
Stahl für Rotoren	204 … 214	Polycarbonat	2,1 … 4,6
Stahl, niedrig legiert	14 … 200	Polypropylen	3 … 4,5
Stahl für Druckbehälter	170	Magnesiumoxid	3
Stahl, hochfest	50 … 154	Granit	3
Titanlegierungen	14 … 120	Epoxidharz	0,4 … 2,2
Carbonfaserverstärkte Kunststoffe	6 … 88	Polyethylen	1,4 … 1,7
Gusseisen	22 … 54	Polyesterharz	1 … 1,7
Aluminiumlegierungen	22 … 35	Polymethylmethacrylat	0,7 … 1,6
Glasfaserverstärkte Kunststoffe	7 … 23	Polystyrol	0,7 … 1,1
Cermets	14 … 16	Steatit	1
Stahlbeton	10 … 15	Holz, senkrecht zur Faser	0,25 … 1
Holz, parallel zur Faser	4 … 9	Sandstein	0,9
Siliciumnitrid	4 … 6	Marmor	0,9
Polyamid	2,2 … 5,6	Glas	0,7 … 0,8
Aluminiumoxid	3 … 5	Zement	0,35 … 0,45

Der theoretische Ansatz der linear-elastischen Bruchmechanik gilt nur für extrem spröde Werkstoffe (Glas, Keramik). Bei den meisten Werkstoffen bildet sich an der Rissspitze jedoch eine plastische Zone (gekennzeichnet durch den Radius r_{pl}, siehe Bild 9-9), sodass in obiger Gleichung eine „effektive Risslänge"

$$a_{eff} = a + r_{pl}$$

einzusetzen ist. Bei größeren plastischen Verformungen an der Rissspitze ($r_{pl}/a > 0,2$) muss von Konzepten der elastoplastischen Bruchmechanik ausgegangen werden.

Diese sind überwiegend auf ein Werkstoffverhalten ausgerichtet, das durch die Entstehung und das Fortschreiten sog. stabiler Risse bei weiter ansteigender Belastung bzw. Verschiebung der Lasteinleitungspunkte, d. h. durch einen erhöhten Energieumsatz an der Rissspitze gekennzeichnet ist. Für die Beschreibung der Rissspitzensituation (Spannungen, Verzerrungen) wird in diesen Fällen anstelle des Spannungsintensitätsfaktors K der linear-elastischen Bruchmechanik das sog. J-Integral verwendet, ein Linienintegral um die Rissspitze herum. Ein anderes praxisbezogenes Konzept geht von der kritischen Rissöffnungsverschiebung COD (crack opening displacement) aus, mit deren Hilfe auf die entsprechende Rissspitzenöffnung δ_c bzw. die Rissspitzendehnung geschlossen werden kann.

Bei schwingender Beanspruchung sind die Voraussetzungen der linear-elastischen Bruchmechanik vielfach gegeben.

Der Zeitabschnitt, in dem bei schwingender Beanspruchung ein stabiler Rissfortschritt auftritt, kann bei Bauteilen einen wesentlichen Teil der Lebensdauer ausmachen. Mit Hilfe der Bruchmechanik kann die Rissfortschrittsrate da/dN für stabilen Rissfortschritt nach der Paris-Formel

$$\frac{da}{dN} = C \cdot \Delta K^n$$

berechnet werden, wobei ΔK die Schwingbreite der Spannungsintensität bedeutet und C und n spezielle Kenngrößen darstellen (Paris-Konstanten).

9.2.7 Betriebsfestigkeit

Die Beanspruchung von Bauteilen im Betrieb erfolgt in der Regel mit variabler Amplitude, siehe Bild 8-4. Die experimentelle Lebensdauerabschätzung wird im Betriebsfestigkeitsversuch mit betriebsähnlichen Beanspruchungszeitfunktionen durchgeführt, wobei die ertragene Schwingungsspielzahl bis zum Anriss und/oder Bruch bestimmt wird [4]. Das Ergebnis ist die Lebensdauerkurve (Gaßner-Kurve), bei der der Kollektivhöchstwert über der ertragenen Schwingungsspielzahl aufgetragen wird, Bild 9-10.

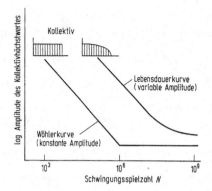

Bild 9-10. Wöhler- und Lebensdauerkurve (schematisch)

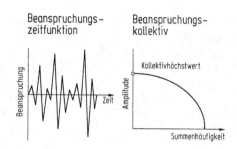

Bild 9-11. Beanspruchungszeitfunktion und Beanspruchungskollektiv

Für die rechnerische Lebensdauerabschätzung benötigt man ein Beanspruchungskollektiv, das mit Hilfe von Zählverfahren (Klassierung) aus der Beanspruchungszeitfunktion gewonnen wird. Das Beanspruchungskollektiv stellt eine Häufigkeitsverteilung der Amplituden dar, Bild 9-11. Mit dem Beanspruchungskollektiv und der Wöhlerkurve kann eine Lebensdauerberechnung vorgenommen werden, indem die durch die Schwingungsspiele hervorgerufene Schädigung akkumuliert wird. Im einfachsten Fall definiert man die Schädigung pro Schwingungsspiel als $1/N$, wobei N die ertragene Schwingungsspielzahl für die entsprechende Amplitude im Wöhler-Versuch bedeutet, und führt eine lineare Akkumulation der Teilschädigungen durch (Palmgren-Miner-Regel). Theoretisch versagt das Bauteil bei der akkumulierten Schadenssumme eins.

9.2.8 Härte

Bei der Härte handelt es sich um eine nützliche, aber physikalisch nicht eindeutig definierte Eigenschaft von Werkstoffen. Die Härte beschreibt den Widerstand eines Werkstoffs gegen das Eindringen eines anderen härteren Körpers. Dieser hängt in komplexer Weise von der Streckgrenze und dem Verfestigungsverhalten eines Werkstoffs ab. Es handelt sich um ein weit verbreitetes und einfaches Messverfahren und liefert Härtekennwerte, die vom jeweiligen Prüfverfahren abhängen. Härtemessungen eignen sich gut für Vergleichsmessungen. Sie sind sehr nützlich, da sie mit anderen Eigenschaften des

Werkstoffs wie z. B. der Festigkeit, der Duktilität oder dem Verschleißwiderstand korrelieren. Eine Zusammenstellung von Härtewerten technischer Werkstoffe gibt Tabelle 9-5.

9.3 Thermische Eigenschaften

9.3.1 Wärmekapazität und Wärmeleitfähigkeit

Bei Zufuhr thermischer Energie, gekennzeichnet durch die Wärmemenge Q, stellt sich in allen Körpern eine Temperaturerhöhung dT ein. Die (materialabhängige) *Wärmekapazität C* und die spezifische Wärmekapazität c sind definiert durch

$$C = \frac{dQ}{dT} \quad \text{bzw.} \quad c = \frac{1}{m} \cdot \frac{dQ}{dT}$$

m Masse des Körpers.

Der Transport thermischer Energie in einem Festkörper wird als Wärmeleitung bezeichnet. Für die in der Zeit dt in einem Temperaturgefälle dT/dx durch die Fläche A strömende Wärmemenge dQ gilt im stationären Fall die Beziehung

$$\frac{dQ}{dt} = -\lambda \cdot A \cdot \frac{dT}{dx} ,$$

λ ist die *Wärmeleitfähigkeit* des Stoffes. Sie ist abhängig von chemischer Natur, Bindungsart und Mikrostruktur eines Werkstoffs. Eine Zusammenstellung der Wärmeleitfähigkeiten technischer Werkstoffe gibt Tabelle 9-6.
Die Wärmeleitfähigkeit λ eines Stoffes setzt sich aus der Elektronenleitfähigkeit λ_e und der Gitterleitfä-

Tabelle 9-5. Härte von Werkstoffen (HV = Vickershärte, HB = Brinellhärte, HRC = Rockwellhärte C). Quelle: DIN EN ISO 18 265

Werkstoff	HV	HB	HRC
Kupfer	40-130 HV 1	41-119 HBS 2/20	–
Al-Knetlegierungen	44-189 HV 15	40-160 HBS 10/500	–
Messinglegierungen	45-196	42-169 HBS 10/500	–
Nickel und Nickellegierungen	77-513 HV 1, HV 5, HV 10, HV 30	77-(479) HBS 10/3 000	(2,0*) – 50,0
unlegierte und niedriglegierte Stähle, Stahlguss	80-940 HV 10	76-618*	20,3* – 68,0
Vergütungsstähle (unbehandelt, weichgeglüht o. normalgeglüht)	150-320	152-316 HBW	(1,0*)-33,6
Vergütungsstähle (vergütet)	210-650	205-632 HBW	(15,3)-57,5
Kaltarbeitsstahl	220-840	215-600*	(18,8)-65,8
Vergütungsstähle (gehärtet)	580-720	572-677 HBW	54,0-60,1
Schnellarbeitsstähle	580-920	–	54,2-67,6
Hartmetalle	780-1760 HV 50	–	–

Anmerkung: Zahlen in Klammern stellen Härtewerte dar, die außerhalb des Definitionsbereichs der genormten Härteprüfverfahren liegen, jedoch häufig als Näherungswerte benutzt werden. Zahlen mit „*" bedeuten, dass die Umwertung nicht über den kompletten Bereich eines anderen Härteprüfverfahrens erfolgte.

higkeit λ_g (Gitterschwingungen in Form gequantelter Phononen) zusammen:

$$\lambda = \lambda_e + \lambda_g \ .$$

In Metallen überwiegt infolge der hohen Elektronenbeweglichkeit die Elektronenleitfähigkeit λ_e.
Das Verhältnis von thermischer zu elektrischer Leitfähigkeit σ ist abhängig von der absoluten Temperatur T und wird beschrieben durch das in weiten Bereichen experimentell gut bestätigte Wiedemann-Franz-Gesetz

$$\frac{\lambda_e}{\sigma} = L \cdot T$$

L Lorenz-Koeffizient ($\approx 2,4 \cdot 10^{-8}$ V^2/K^2 für

Metalle bei Raumtemperatur)

Störungen der Kristallstruktur (z. B. bei Mischkristallen) und Gitterfehlstellen (z. B. Leerstellen, Versetzungen) reduzieren λ. Auch in Polymerwerkstoffen nimmt die Wärmeleitfähigkeit mit abnehmendem Kristallisationsgrad ab. In nichtelektronenleitenden Kristallen wird die Wärme nur durch

Phononen transportiert. Bei keramischen Werkstoffen und anderen porenhaltigen Sinterwerkstoffen wird eine lineare Abnahme der Wärmeleitfähigkeit mit steigender Porosität beobachtet.

9.3.2 Thermische Ausdehnung

Als thermische Ausdehnung bezeichnet man die durch Temperaturänderung dT bewirkte Längenausdehnung dl oder Volumenausdehnung dV eines Stoffes:

$$dl = \alpha \cdot l_0 \cdot dT \ ; \ dV = \beta \cdot V_0 \cdot dT \ .$$

Die thermischen Ausdehnungskoeffizienten

$$\alpha = \frac{1}{l_0}\left(\frac{dl}{dT}\right); \ \beta = \frac{1}{V_0}\left(\frac{dV}{dT}\right)$$

sind werkstoffspezifisch und im Hinblick auf temperaturbedingte Veränderungen von Bauteilabmessungen und Passungstoleranzen, thermisch bedingte Eigenspannungen oder die unterschiedliche Ausdehnung der Komponenten von Verbundwerkstoffen von technischer Bedeutung. Eine Zusammenstellung des thermischen Längenausdehnungskoeffizienten technischer Werkstoffe gibt Tabelle 9-7.

Tabelle 9–6. Wärmeleitfähigkeit von Werkstoffen

Werkstoff	λ w/(m · K)	Werkstoff	λ w/(m · K)
Diamant	900	Titan	22
Silber	425	Zirkonlegierungen	14 … 22
Kupfer	395	Zirconiumkarbid	21
Gold	300	Titankarbid	17
Aluminium	234	Stahl, austenitisch	14 … 17
Aluminiumlegierungen	121 … 230	Sandstein	1,3 … 2,9
Aluminiumnitrid	180 … 190	Marmor	2,6 … 2,8
Wolfram	174	Kalkstein	0,9 … 2,2
Messing	88 … 160	Glas	0,2 … 1,6
Magnesium	156	Quarzglas	1,4
Magnesiumlegierungen	62 … 156	Porzellan	0,8 … 1,4
Molybdän	137	Schamottestein	1,2
Siliciumcarbid	42 … 135	Silikastein	1,2
Zinklegierungen	105 … 125	Beton	0,21 … 0,75
Wolframkarbid	30 … 121	Melaminharz	0,35 … 0,7
Zink	120	Glasfaserverst. Kunststoffe	0,4 … 0,55
Kobalt	96	Polyimid	0,37 … 0,52
Chrom	90	Epoxidharz	0,18 … 0,5
Hartmetall	10 … 90	Polyethylen	0,40 … 0,44
Nickel	86	Harnstoffharz	0,30 … 0,42
Graphit	85	Nadelholz, parallel zur Faser	0,40
Bronze	50 … 85	Polyoxymethylen	0,22 … 0,35
Platin	72	Polyesterharz	0,28 … 0,3
Zinn	67	Polyvinylchlorid	0,15 … 0,29
Stahl, ferritisch	25 … 60	Polytetrafluorethylen	0,24 … 0,26
Tantal	57	Polyamid	0,23 … 0,25
Niob	54	Polymethylmethacrylat	0,08 … 0,25
Gusseisen	35 … 49	Polycarbonat	0,19 … 0,22
Nickellegierungen	10 … 45	Nadelholz, senkrecht zur Faser	0,20
Aluminiumoxid	36 … 39	Polypropylen	0,11 … 0,17
Blei	35	Polyethylenterephthalat	0,14 … 0,15
Cermets	30 … 34	Phenolharz	0,14 … 0,15
Siliciumnitrid	17 … 28	Spanplatten	0,07 … 0,14
Uran	28	Polystyrol	0,12
Titanlegierungen	7 … 23		

Die gesamte thermische Volumenvergrößerung vom absoluten Nullpunkt bis zum Schmelzpunkt beträgt für kristalline Stoffe etwa 6 bis 7%, die Längenausdehnung etwa 2% (Grüneisen'sche Regel). Ursache der Volumen- und Längenänderung ist die mit zunehmender Temperatur wachsende (unsymmetrische) Schwingungsamplitude der atomaren Bestandteile der Werkstoffe. Stoffe mit hoher Bindungsenergie (bzw. Schmelztemperatur) haben kleinere Schwingungsamplituden und damit niedrigere α- und β-Werte als Stoffe mit niedriger Bindungsenergie (bzw. Schmelztemperatur). Bei bestimmten Legierungen (z. B. Invar, siehe 3.4.5) ist die thermische Ausdehnung bei Raumtemperatur vernachlässigbar klein ($\alpha \approx 0$): die thermische Ausdehnung wird kompensiert durch eine Kontraktion (Volumenmagnetostriktion), die durch Entmagnetisierung mit zunehmender Temperatur hervorgerufen wird.

Tabelle 9-7. Thermischer Längenausdehnungskoeffizent von Werkstoffen

Werkstoff	$\alpha\ 10^{-6}/K$
Polytetrafluorethylen	126 … 216
Polyoxymethylen	76 … 201
Polyethylen	126 … 198
Polypropylen	122 … 180
Polyesterharz	100 … 180
Polymethylmethacrylat	72 … 162
Polyvinylchlorid	100 … 150
Polyamid	70 … 150
Polystyrol	90 … 153
Polycarbonat	120 … 137
Phenolharz	120 … 125
Epoxidharz	58 … 117
Harnstoffharz	22 … 90
Polyimid	30 … 60
Melaminharz	20 … 60
Nadelholz, senkrecht zur Faser	32 … 43
Zink	40
Zinklegierungen	21 … 40
Laubholz, senkrecht zur Faser	30 … 38
glasfaserverstärkte Kunststoffe	9 … 33
Blei	31
Magnesiumlegierungen	25 … 27
Magnesium	26
Aluminium	24
Aluminiumlegierungen	19 … 24
Zinn	23
Messing	18,1 … 21,0
Silber	19,1
Gusseisen	8 … 19
Bronze	17,0 … 18,8
Stahl, austenitisch	16 … 18
Kupfer	17,7
Nickellegierungen	10 … 15,5
Stahl, ferritisch	9,3 … 14,6
Gold	14,2
Kobalt	13
Nickel	13
Uran	12,6
Magnesiumoxid	11,5
Steatit	8 … 10
Glas	3,2 … 10
Titanlegierungen	7,0 … 9,9
Titan	9,8

Tabelle 9-7. (Fortsetzung)

Werkstoff	$\alpha\ 10^{-6}/K$
Platin	9,0
Cermets	8,3 … 8,9
Aluminiumoxid	7,1 … 8,3
Hartmetall	5 … 8
Titancarbid	7,5 … 7,7
Niob	7,2
Zirconiumcarbid	6,8
Chrom	6,6
Tantal	6,5
Porzellan	3 … 6,5
Zirkonlegierungen	5,0 … 6,3
Molybdän	5,1
Siliciumcarbid	4 … 5
Osmium	4,6
Wolfram	4,5
Graphit	1,3 … 4,5
Nadelholz, parallel zur Faser	3,2 … 4,3
Laubholz, parallel zur Faser	2,9 … 3,8
Siliciumnitrid	2,25
Diamant	2,2
Quarzglas	0,5 … 0,6

9.3.3 Schmelztemperatur

Die Schmelztemperatur (oder bei nichtkristallinen Stoffen das Schmelztemperaturintervall) kennzeichnet den durch Zuführung thermischer Energie (Schmelzwärme) bewirkten und i. Allg. mit einer Volumenzunahme verbundenen Übergang eines festen Stoffes in den flüssigen Aggregatzustand. Beim Schmelzen zerfällt durch die thermische Anregung die Festkörperstruktur, und die atomaren Bestandteile erhalten freie Beweglichkeit (Übergang Fernordnung/Nahordnung). Je größer die Bindungsenergie der atomaren Festkörperbestandteile, desto mehr thermische Energie ist zum Schmelzen erforderlich: kristalline Polymere mit schwachen Nebenvalenzbindungen schmelzen bei erheblich niedrigeren Temperaturen als Kristalle mit starker metallischer oder kovalenter Bindung. In Tabelle 9-8 ist die Schmelztemperatur (bzw. bei Polymerwerkstoffen die Glastemperaturen) zahlreicher Werkstoffe zusammengestellt.

Tabelle 9-8. Schmelztemperatur von Werkstoffen (E Erweichungstemperatur, G Glastemp., Z Zersetzungstemp., S Sublimationstemp.)

Werkstoff	T_m °C
Graphit	3650 S
Carbonfasern	3650 S
Diamant	3550 Z
Zirconiumcarbid	3540
Wolfram	3407
Titancarbid	2940 ... 3160
Osmium	3054
Tantal	2996
Wolframcarbid	2827 ... 2920
Magnesiumoxid	2852
Siliciumcarbid	2700
Molybdän	2620
Berylliumoxid	2565
Siliciumnitrid	2390 ... 2500
Niob	2470
Aluminiumoxid	2004 ... 2096
Chrom	1900
Platin	1770
Porzellan	1700
Quarzglas	1710
Titanlegierungen	1477 ... 1682
Titan	1677
Stahl	1290 ... 1530
Kobalt	1495
Nickellegierungen	1435 ... 1466
Steatit	1460
Nickel	1455
Cermets	1425
Uran	1406
Gusseisen	1130 ... 1250
Kupfer	1083
Kupferlegierungen	982 ... 1082
Bronze	1000 ... 1070
Gold	1063
Messing	885 ... 965
Silber	962
Glas	≈ 440 ... 840 E
Aluminiumlegierungen	475 ... 677
Aluminium	660
Magnesium	650
Magnesiumlegierungen	445 ... 650
Zinklegierungen	375 ... 492

Tabelle 9-8. (Fortsetzung)

Werkstoff	T_m °C
Zink	420
Polyimid	400 Z
Blei	327
Polyethylenterephthalat	255
Polybutylenterephthalat	240
Zinn	232
Polycarbonat	142 ... 205 G
Siliconkautschuk	200 Z
Polyoxymethylen	175
Polypropylen	135 ... 175
Polymethylmethacrylat	85 ... 165 G
Epoxidharz	40 ... 160 Z
Phenolharz	155 Z
Melaminharz	130 ... 150 Z
Polyethylen	90 ... 140
Polyesterharz	40 ... 140 Z
Polytetrafluorethylen	107 ... 123
Polystyrol	74 ... 110 G
Harnstoffharz	100 Z
Polyvinylchlorid	90 G
Polyamid	44 ... 56 G

9.4 Sicherheitstechnische Kenngrößen

9.4.1 Sicherheitsbeiwerte von Konstruktionswerkstoffen

Bei den vorwiegend mechanisch beanspruchten Konstruktionswerkstoffen versteht man unter dem Sicherheitsbeiwert S das Verhältnis einer Grenzspannung (z. B. Streckgrenze R_e, Zugfestigkeit R_m, Dauerschwingfestigkeit σ_D) zur größten vorhandenen Spannung:

$$\text{Sicherheitsbeiwert} = \frac{\text{Grenzspannung}}{\text{größte vorhandene Spannung}}.$$

Für Überschlagsrechnungen, insbesondere beim Festlegen von Querschnittsabmessungen, wird nicht die Sicherheit eines Bauteils bestimmt, sondern eine

$$\text{zulässige Spannung} = \frac{\text{Grenzspannung}}{\text{Sicherheitsbeiwert}}$$

durch Vorgabe eines geeigneten Sicherheitsbeiwertes abgeschätzt.

Die Festlegung des Sicherheitsbeiwertes richtet sich nach der Anwendung, den Beanspruchungen, den Versagenskriterien und den Werkstoffeigenschaften (z. B. plastische Verformungsreserve, Warmfestigkeit). Während die Forderung wirtschaftlicher, materialsparender Auslegung von Konstruktionen, z. B. für den Leichtbau, zu Sicherheitsbeiwerten von 1,1 bis 1,5 führt, müssen z. T. weit höhere Werte vorgesehen werden, wenn durch ein Materialversagen Menschen gefährdet werden oder hohe Folgeschäden entstehen können. Eine Übersicht über die Größe von Sicherheitsbeiwerten gibt Tabelle 9-9.

Die Festlegung eines Sicherheitsbeiwertes ist besonders schwierig bei Komplexbeanspruchungen (z. B. Überlagerung mechanischer Volumenbeanspruchung und tribologischer oder korrosiver Oberflächenbeanspruchung) sowie bei stoßartigen oder schwingenden Beanspruchungen. Zunehmend werden daher Sicherheitsbeiwerte statistisch ermittelt. Ausfallwahrscheinlichkeiten bzw. Zuverlässigkeiten werden durch geeignete Verteilungsfunktionen, wie die Weibull-Funktion (siehe Teil B) beschrieben.

9.5 Elektrische Eigenschaften

Elektrische Eigenschaften kennzeichnen das Verhalten von Werkstoffen in elektrischen Feldern. Befindet sich elektrisch leitfähiges Material in einem elektrischen Feld der Feldstärke E, so ergibt sich eine elektrische Stromdichte $j = \sigma \cdot E$. Die Größe σ wird als elektrische Leitfähigkeit des Materials bezeichnet. Die elektrische Leitfähigkeit und ihr Reziprokwert, der spezifische elektrische Widerstand ϱ werden durch die Energiezustände beweglicher Ladungsträger bestimmt. Sie sind bei Festkörpern von der Mikrostruktur (z. B. Kristallaufbau, Gitterfehler) und der Elektronenstruktur (z. B. Bindungstyp, Valenzelektronenkonzentration, Fermi-Energie) der Werkstoffe sowie von der Temperatur abhängig, siehe Teil B. Bei normalen Leitern (Metallen) nähert sich der spezifische Widerstand beim absoluten Nullpunkt einem Grenzwert, dem spezifischen Restwiderstand ϱ_r. Bei den sog. Supraleitern springt ϱ bei einer charakteristischen Sprungtemperatur auf einen unmessbar kleinen Wert (siehe Teil B). Zur modellmäßigen Beschreibung der Leitfähigkeit der verschiedenen Materialien dient das sog. Bändermodell, das die Energieniveaus der (beweglichen und nicht beweglichen) Elektronen in Form von Energiebändern (Valenzband, Leitungsband) darstellt, siehe Teil B. Die Werkstoffe der Elektrotechnik können nach ihrem spezifischen elektrischen Widerstand ϱ in $\Omega \cdot$ m größenordnungsmäßig in drei hauptsächliche Klassen eingeteilt werden:

– Leiter $10^{-8} < \varrho < 10^{-5}$:
                Metalle, Graphit

– Halbleiter $10^{-5} < \varrho < 10^{6}$:
                Germanium, Silicium

– Nichtleiter $10^{6} < \varrho < 10^{17}$:
                (Isolierstoff-)Keramik,

Tabelle 9-9. Sicherheitswerte für technische Konstruktionen [5]

	Sicherheitsbeiwert S			
Anwendungsbereich	Versagenskriterien			
	Trennbruch	Dauerbruch	Verformen	Knicken Einbeulen
Maschinenbau, allg.	2,0...4,0	2,0...3,5	1,3...2,0	
Drahtseile	8,0...20,0			
Kolbenstangen		3,0...4,0	2,0...3,0	5,0...12,0
Zahnräder		2,2...3,0		
Kessel-, Behälter-, Rohrleitungsbau:				
– Stahl	2,0...3,0		1,4...1,8	3,5...5,0
– Stahlguss	2,5...4,0		1,8...2,3	
Stahlbau	2,2...2,6		1,5...1,7	3,0...4,0

Polymerwerkstoffe sind i. Allg. Nichtleiter; sie können auf der Basis konjugierter Polymere jedoch auch leitfähig sein.

In Tabelle 9-10 ist der spezifische Widerstand zahlreicher Werkstoffe zusammengestellt.

9.6 Magnetische Eigenschaften

Magnetwerkstoffe werden nach ihrem chemischen Aufbau in metallische und oxidische Werkstoffe (Ferrite) und nach ihren magnetischen Eigenschaften in weichmagnetische und hartmagnetische Werkstoffe eingeteilt.

Weichmagnetische Werkstoffe sind durch Koerzitivfeldstärken $H_{cJ} < 1$ kA/m, eine leichte Magnetisierbarkeit, hohe Permeabilitätszahlen ($\mu_r > 10^3$ bis 10^5) und geringe Ummagnetisierungsverluste, d. h. eine schmale Hystereseschleife, gekennzeichnet. Sie müssen einen leichten Ablauf der zur Magnetisierung erforderlichen Bewegung von Blochwänden ermöglichen, d. h., das Werkstoffgefüge muss möglichst frei von Gitterfehlern (Fremdatomen, Versetzungen), inneren Spannungen und Einschlüssen zweiter Phasen sein. Geeignete Werkstoffgruppen sind:

- Fe-Legierungen mit ca. 4 Gew.-% Si, rekristallisationsgeglüht, $H_{cJ} \approx 0{,}4$ A/m, Ummagnetisierungsverluste $< 0{,}5$ W/kg (bei 50 Hz)
- Legierungen auf der Basis Fe-Co, Fe-Al und Ni-Fe, z.B. NiFe 15 Mo, Permeabilitätszahlen bis ca. 150 000, Ummagnetisierungsverluste bis ca. 0,05 W/kg (bei 50 Hz).
- Ferrite (oxidisch), z. B. Mn-Zn-Ferrit, HF-geeignet bis etwa 1 MHz, darüber Ni-Zn-Ferrite.
- Legierungen mit rechteckförmiger Hystereseschleife (Ni-Fe-Legierungen, Ferrite), hergestellt durch Walz- und Glühprozesse sowie Magnetfeldabkühlung; Basis für Magnetspeicherkerne
- Metallische Gläser (amorphe Metalle) $M_{80}X_{20}$ (M: Übergangsmetall, X: Nichtmetall, z. B. P. B, C oder Si), extrem niedrige Ummagnetisierungsverluste.

Anwendungsbereiche weichmagnetischer Werkstoffe: Magnetköpfe, Übertrager- und Spulenkerne in der Nachrichtentechnik; Drosselspulen, Transformatorbleche, Schaltrelais in der Starkstromtechnik, usw.

Tabelle 9-10. Spezifischer elektrischer Widerstand von Werkstoffen

Werkstoff	ϱ $\Omega \cdot$m
Glas	$10^9 \dots 10^{17}$
Quarzglas	10^{16}
Polytetrafluorethylen	10^{16}
Polyimid	10^{16}
Polyester	10^{16}
Epoxidharz	$10^{13} \dots 10^{15}$
Glimmer	$10^{13} \dots 10^{15}$
Polyvinylchlorid	10^{14}
Polystyrol	10^{14}
Polycarbonat	10^{14}
Polypropylen	10^{14}
Polyethylen	10^{13}
Polybutylenterephthalat	10^{13}
Polyoxymethylen	10^{13}
Polymethylmethacrylat	10^{13}
Magnesiumoxid	10^{13}
Porzellan	$\dots 5 \cdot 10^{12}$
Aluminiumoxid	10^{12}
Polyethylenterephthalat	10^{12}
Sillimanit	10^{12}
Schamottestein	10^{12}
Polyamid	$10^{10} \dots 10^{12}$
Mullit	10^{11}
Phenolharz	$10^6 \dots 10^{10}$
Silikastein	10^{10}
Melaminharz	$10^6 \dots 10^9$
Harnstoffharz	10^9
Polyurethan	10^9
Graphit	$14 \dots 15$
Gusseisen	$0{,}5 \dots 2{,}4$
Titanlegierungen	$0{,}51 \dots 1{,}91$
Nickellegierungen	$0{,}42 \dots 1{,}39$
Cermets	$0{,}9$
Stahl, austenitisch	$0{,}69 \dots 0{,}79$
Stahl, ferritisch	$0{,}14 \dots 0{,}6$
Zirkonlegierungen	$0{,}4 \dots 0{,}5$
Titan	$0{,}48$
Uran	$0{,}31$
Blei	$0{,}21$
Bronze	$0{,}097 \dots 0{,}21$
Magnesiumlegierungen	$0{,}04 \dots 0{,}17$
Niob	$0{,}16$
Zinn	$0{,}13$

Tabelle 9–10. (Fortsetzung)

Werkstoff	$\varrho\ \Omega\cdot m$
Chrom	0,13
Tantal	0,125
Platin	0,10
Nickel	0,075 … 0,095
Messing	0,039 … 0,086
Zinklegierungen	0,058 … 0,084
Osmium	0,081
Kobalt	0,063
Aluminiumlegierungen	0,027 … 0,060
Zink	0,060
Wolfram	0,055
Molybdän	0,05
Magnesium	0,044
Aluminium	0,027
Gold	0,022
Kupfer (Leitungs-)	0,017
Silber	0,016

Hartmagnetische Werkstoffe sind durch hohe Koerzitivfeldstärke ($H_{cJ} > 1\ kA/m$) definiert und durch eine hohe Remanenzinduktion, d. h. eine breite Hystereseschleife, gekennzeichnet. Sie müssen die mit einer möglichen Ummagnetisierung verbundenen Blochwandbewegungen durch Gefüge mit hohem Gehalt an Gitterfehlern, wie Fremdatomen, Versetzungen, Korngrenzen sowie durch feine Ausscheidungen einer nicht ferromagnetischen Phase möglichst stark behindern. Geeignete Werkstoffgruppen sind:

– Al-Ni- bzw. Al-Ni-Co-Gusswerkstoffe, Koerzitivfeldstärke bis 100 kA/m

– Fe-(Cr, Co, V)-Legierungen,

– Intermetallische Verbindungen von Co und Seltenerdmetallen (z. B. SmCo$_5$), Sinter- oder Gussformteile, H_{cJ} bis 10 000 kA/m

– Hartmagnetische Keramik (Ba- und Sr-Ferrite), (z. B. hexagonales $BaO \cdot 6\ Fe_2O_3$), H_{cJ} bis 200 kA/m

– Nd-Fe-B-Legierungen mit den z. Z. besten hartmagnetischen Eigenschaften.

Anwendungsbereiche hartmagnetischer Werkstoffe: Dauermagnete für Motoren, Messsysteme, Lautsprecher.

9.7 Optische Eigenschaften

Optische Eigenschaften kennzeichnen einen Werkstoff im Hinblick auf die Wechselwirkung mit optischer Strahlung. Materialien sind optisch transparent, wenn im Stoffinnern keine Photonenabsorption stattfindet, z. B. Glas oder ionisch und kovalent gebundene Isolatoren. Werden bestimmte Wellenlängen der Strahlung absorbiert, erscheint der Stoff farbig. Bei Metallen werden durch die einfallende optische Strahlung Elektronen angeregt. Beim Rückgang auf ihre ursprünglichen Energieniveaus emittieren sie die absorbierte Energie wieder, d. h., ein Metall reflektiert zum größten Teil die auftreffende optische Strahlung. Für die Wechselwirkung von optischer Strahlung einer bestimmten Wellenlänge λ (oder spektralen Strahlungsverteilung) mit Werkstoffen gilt allgemein: Auffallende Strahlungsleistung Φ_0 ist gleich der Summe von reflektierter Strahlungsleistung Φ_r, absorbierter Strahlungsleistung Φ_a und durchgelassener Strahlungsleistung Φ_t:

$$\Phi_0 = \Phi_r + \Phi_a + \Phi_t,$$
$$\Phi_r/\Phi_0 + \Phi_a/\Phi_0 + \Phi_t/\Phi_0 = 1$$
$$\varrho \quad + \alpha \quad + \tau \quad = 1\,.$$

Die wichtigsten (spektralen) optischen Kenngrößen von Materialien sind:

Reflexionsgrad $\varrho(\lambda) = \Phi_r/\Phi_0$: Verhältnis der reflektierten Strahlungsleistung zur auffallenden Strahlungsleistung. Für den Reflexionsgrad einer Materialoberfläche mit der Brechzahl n gilt bei senkrechtem Strahlungseinfall nach Fresnel

$$\varrho \approx \left(\frac{n-1}{n+1}\right)^2.$$

Danach ergibt sich z. B. für Fensterglas ($n \approx 1{,}5$) ein Reflexionsgrad von $\varrho = 0{,}04$. Durch Aufbringen von dünnen Interferenzschichten (Vergüten) kann der Reflexionsgrad auf weniger als 0,005 gesenkt werden. Absorptionsgrad $\alpha(\lambda) = \Phi_a/\Phi_0$: Verhältnis der absorbierten Strahlungsleistung zur auffallenden Strahlungsleistung (z. B. $\alpha \approx 0{,}005$ für Fensterglas von 10 mm Dicke). Transmissionsgrad $\tau(\lambda) = \Phi_t/\Phi_0$: Verhältnis der durchgelassenen Strahlungsleistung zur auffallenden Strahlungsleistung.

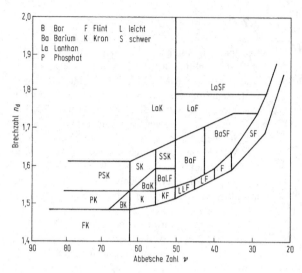

Optisches Glas wird durch zwei weitere Kenngrößen charakterisiert:

Brechzahl n: Verhältnis der Lichtgeschwindigkeit c_0 im Vakuum zur Lichtgeschwindigkeit (Phasengeschwindigkeit) c in dem Material $n = c_0/c$. Die Brechzahl wird auf die Wellenlänge der monochromatischen Strahlung bezogen, mit der sie bestimmt wird, z. B. n_d (d: gelbe He-Linie), n_F (F: blaue H-Linie), n_c (C: rote H-Linie).

Abbe'sche Zahl $v = (n_d - 1)/(n_F - n_c)$ zur Kennzeichnung eines optischen Glases hinsichtlich seiner Farbzerstreuung (Dispersion), z. B. $v < 50$: große Dispersion; $v > 50$: kleine Dispersion.

Eine Übersicht über die Kenndaten optischer Gläser bezüglich Brechzahl und Abbe'scher Zahl gibt Bild 9-12.

10 Materialverhalten: Schadenskunde

10.1 Übersicht

Werkstoffe, Bauteile und Konstruktionen sind in ihren technischen Anwendungen zahlreichen Einflüssen ausgesetzt, die ihre Funktion und Gebrauchsdauer negativ beeinflussen und zu Materialschädigungen führen können. Neben internen Materialveränderungen („Alterung") können Materialschädigungen durch mechanische, thermische, strahlungsphysikali-

sche, chemische, biologische und tribologische Beanspruchungen ausgelöst und insgesamt wie folgt eingeteilt werden: Alterung, Bruch, Korrosion, biologische Materialschädigung, Verschleiß siehe Bild 10-1.

Die große ökonomische Bedeutung von Materialschädigungen geht beispielsweise daraus hervor, dass allein durch Korrosion und Verschleiß in den Industrieländern jährlich einige Prozent [1] des Bruttosozialproduktes verloren gehen. Für die Bundesrepublik Deutschland sind dies volkswirtschaftliche Verluste (insbesondere an Rohstoffen und Energie) in Höhe von einigen 10 Mrd. € jährlich. Ziel der Schadenskunde ist es, die Ursachen von Materialschädigungen zu erforschen und Maßnahmen zum Materialschutz sowie zur Schadensabhilfe und Schadensverhütung zu entwickeln [2].

10.2 Alterung

Mit Alterung wird die Gesamtheit aller im Laufe der Zeit in einem Material ablaufenden chemischen und physikalischen Vorgänge bezeichnet (DIN 50035), die mit Änderungen von Werkstoffeigenschaften (meist negativer Art) verbunden sind. Die Alterungsursachen werden gegliedert in:

– Innere Alterungsursachen, z. B. thermodynamisch instabile Zustände des Materials, Relaxation, Spannungsabbau, Veränderung von chemischer Zusammensetzung und Molekularstruktur, Phasen- oder Gefügeumwandlungen, usw.

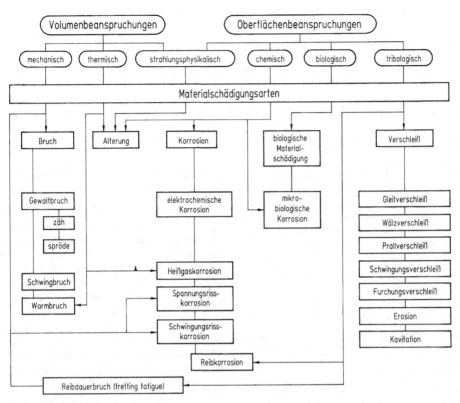

Bild 10-1. Materialschädigungsarten: Übersicht

– Äußere Alterungsursachen, z. B. Temperaturwechsel, Energiezufuhr in Form von Wärme, sichtbarer, ultravioletter oder ionisierender Strahlung, chemische Einflüsse usw.

Die Alterungsursachen können zu verschiedenen Alterungserscheinungen bei den verschiedenen Werkstoffgruppen führen:

(a) Bei Metallen: Veränderung von mechanischen Kennwerten wie Duktilität, Streckgrenze, Kerbschlagarbeit durch Einlagerung von Fremdatomen wie C, N, z. B. Versprödung von Baustahl bei der Kaltumformung (Reck- oder Verformungsalterung) oder „Wasserstoffversprödung" von Stählen, Versprödung durch Neutronen.

(b) Bei anorganischen Stoffen: „Ausblühen" oder „Ausschwitzen" durch Abscheidung bestimmter Phasen (Agglomerisation), z. B. bei Baustoffen.

(c) Bei Polymerwerkstoffen: Quellung, Schwindung oder Verwerfung durch Diffusion, Rissbildung (z. B. Spannungsrissbildung unter Einwirkung von Ozon), Verfärbung, insbesondere Vergilbung.

Ein Alterungsschutz kann bei Polymerwerkstoffen bewirkt werden durch:

– Inhibitoren: Substanzen, die chemische Reaktionen verzögern;
– Stabilisatoren: Substanzen, welche die Veränderung von Eigenschaften, die durch Einflüsse bei der Verarbeitung oder durch Alterung eintreten kann, vermindern, z. B. Wärmestabilisatoren, Lichtstabilisatoren, Strahlenschutzmittel, UV-Absorber.

Als weitere Alterungsschutzmittel werden Substanzen, die eine Alterung durch Sauerstoffeinwirkung (Antioxidantien) oder Ozoneinwirkung verzögern, eingesetzt.

10.3 Bruch

Bruch ist eine makroskopische Werkstofftrennung durch mechanische Beanspruchung. Jeder Bruch verläuft in Abhängigkeit von Spannungszustand, -amplitude und -verlauf in den drei Phasen Rissbildung, Risswachstum und Rissausbreitung. Merkmale zur Kennzeichnung von Brüchen sind:

a) Plastische Verformung vor der Rissinstabilität: Verformungsreicher, verformungsarmer oder verformungsloser Bruch.

b) Energieverbrauch während der Rissausbreitung: Zäher Bruch (großer Energieverbrauch) oder spröder Bruch (geringer Energieverbrauch).

c) Rissausbreitungsgeschwindigkeit v_R: Schneller Bruch mit v_R in der Größenordnung der Schallgeschwindigkeit $c_a (v_R \approx 1000 \, \text{m/s})$; mittelschneller Bruch mit $v_R < c_a (v_R \approx 1 \, \text{m/s})$; langsamer Bruch mit $v_R \lll c_a (v_R < 1 \, \text{mm/s})$.

d) Bruchmechanismus und Bruchflächenmorphologie: Duktiler Bruch mit mikroskopisch wabenartiger Bruchoberfläche; Spaltbruch mit mikroskopisch spaltflächiger Bruchoberfläche; Quasispaltbruch mit spaltbruchähnlicher Bruchoberfläche.

e) Bruchflächenverlauf: Transkristalliner Bruch (Bruchverlauf durch Körner hindurch); interkristalliner Bruch (Bruchverlauf längs Korngrenzen).

f) Bruchflächenorientierung relativ zum Spannungstensor: Normalspannungsbruch (Bruchfläche senkrecht zur größten Hauptnormalspannung); Schubspannungsbruch (Bruchfläche parallel zur Ebene maximaler Schubspannung).

Bei ein und demselben Werkstoff können je nach Beanspruchung, Spannungszustand, Temperatur und Umgebung u. U. sämtliche Bruchmerkmale unterschiedlich sein.

10.3.1 Gewaltbruch

Gewaltbrüche entstehen durch einsinnige mechanische Überbelastung unter mäßig rascher bis schlagartiger Beanspruchung.

Die häufigsten Bruchausbildungen sind in Bild 10-2 für einen einachsig und quasistatisch beanspruchten Zugstab vereinfacht dargestellt.

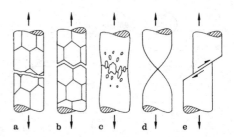

Bild 10-2. Bruchausbildungsformen bei Gewaltbruch. **a** Transkristalliner Spaltbruch, **b** interkristalliner Spaltbruch, **c** duktiler Bruch, **d** zur Spitze ausgezogener Gleitbruch, **e** Schubbruch

Von den Metallen zeigen viele kubisch flächenzentrierte Stoffe ein duktiles und hexagonale ein sprödes Bruchverhalten. Der Bruchmechanismus kubisch raumzentrierter Metalle, zu denen auch viele Stähle gehören, geht unterhalb einer Übergangstemperatur vom duktilen zu fast sprödem Bruch über. Ein ähnliches Verhalten zeigen auch viele Polymerwerkstoffe und Gläser. Die kristallinen keramischen Werkstoffe sind durch ein Sprödbruchverhalten gekennzeichnet und besitzen nur dicht unterhalb ihrer Schmelztemperatur eine geringe Duktilität.

Übersicht über die Mechanismen des Gewaltbruchs, erläutert am Beispiel metallischer Werkstoffe [3]:

(a) Der *Gleit-* oder *Wabenbruch* entsteht unter plastischer Deformation durch Abgleiten von Werkstoffbereichen entlang der Ebenen maximaler Schubspannung. Er wird beobachtet bei einachsigen und mehrachsigen Spannungszuständen, zähem Werkstoff, niedriger Beanspruchungsgeschwindigkeit und höheren Temperaturen. Bei den transkristallinen und interkristallinen Wabenbrüchen verläuft der Bruch makroskopisch gesehen entweder senkrecht zur größten Normalspannung (Normalspannungsbruch) oder in Richtung der größten Schubspannung (Schubspannungsbruch), Bild 10-2e. Häufig treten Kombinationen beider Bruchformen mit einem Normalspannungsbruch im Inneren und Schubspannungsbrüchen (Schubspannungslippen) an den Rändern auf, z. B. Teller-Tassen-Bruch im Zugversuch. Normalerweise ist der Gleitbruch nicht nur mit einer mikroskopischen, sondern auch mit einer deutlichen makroskopischen Formänderung verbunden. Diese kann fehlen, wenn die Geometrie des

Teils (z. B. Kerben) eine Einschnürung verhindert. Werkstoffbedingte Variationen treten insbesondere beim Gleitbruch unter Zug auf. Reine Metalle ziehen sich oft zu einer Spitze aus, Bild 10-2d. Zeilige Werkstoffe bilden gelegentlich fräserförmige Bruchflächen (Fräserbruch). Im mikrofraktographischen Bild erkennt man bei transkristallinen Wabenbrüchen auf der Bruchfläche eine Struktur aus einzelnen Waben verschiedener Form und Größe. Bei Normalspannungsbrüchen sind die Waben mehr oder weniger gleichachsig als kleine Schubflächen angeordnet, bei starker plastischer Verformung können sie einseitig verzerrt sein. Am Grund der Waben finden sich manchmal Einschlüsse oder Ausscheidungen. Bei Schubspannungsbrüchen sind die Waben in Schubrichtung verzerrt (Schubwaben).

(b) Transkristalline Spaltbrüche (*Trennbrüche*), entstehen auf bevorzugten Gitterebenen ohne Abgleitung. Spaltbrüche erfolgen normalerweise ohne makroskopisch erkennbare plastische Verformung. In Ausnahmefällen kann jedoch dem Spaltbruch eine größere plastische Verformung vorausgehen. Spaltbrüche entstehen durch Spannungen, die örtlich die Kohäsion des Metallgitters überschreiten. Spröder Werkstoff, hohe Beanspruchungsgeschwindigkeit, tiefe Temperaturen und mehrachsige Spannungszustände (scharfe Kerben, dickwandige Werkstückquerschnitte) begünstigen den Eintritt von Spaltbrüchen. In kubisch flächenzentrierten Metallen sind Spaltbrüche bisher nicht beobachtet worden. Da Spaltbrüche senkrecht zur größten Normalspannung erfolgen, sind die Bruchflächen meistens eben. Bei Torsionsbrüchen verläuft die Bruchfläche entsprechend der Richtung der größten Normalspannung wendelförmig.

Im mikrofraktographischen Bild erkennt man vor allem bei großem Korn auf den facettenförmig angeordneten Spaltflächen ein Muster von Spaltlinien und Spaltstufen. Die Größe einer Spaltfläche entspricht im Höchstfall dem Querschnitt eines Kristalliten, Bild 10-2a.

Interkristalliner Trennbruch, Bild 10-2b, tritt nur dann ein, wenn die Korngrenzen, z. B. durch Ausscheidungen oder Verunreinigungen, versprödet sind. Entsteht an einer Korngrenzenausscheidung ein Spaltanriss und ist die Grenzflächenenergie an der Phasengrenze wesentlich geringer als die Oberflächenenergie der Phase, so entstehen Spaltrisse längs der Korngrenzen.

10.3.2 Schwingbruch

Schwingbrüche entstehen durch mechanische Wechsel- oder Schwellbeanspruchungen. Nach einer Inkubationszeit zur Bildung von Anrissen erfolgt allmählich' eine Schwingungsrissausbreitung, bis der verbliebene Werkstoffquerschnitt infolge der wachsenden Spannung zum Gewaltbruch versagt (Restbruch). Der zum Schwingbruch führende Ermüdungsvorgang, der stets auf mikroplastischen Verformungen, d. h. irreversiblen Versetzungsbewegungen, beruht, kann in die folgenden Teilschritte eingeteilt werden:

a) *Anrissbildung* durch erhöhte Spannungskonzentration in Oberflächenbereichen, z. B. durch Oberflächenfehler (Dreh- oder Schleifriefen), Kerben, Steifigkeitssprünge. Bei glatten Oberflächen können Ermüdungsrisse z. B. an Gleitbändern oder Ex- und Intrusionen (siehe 9.2.5), Korngrenzen, Zwillingskorngrenzen oder Einschlüssen gebildet werden.

b) *Mikrorissausbildung* (sog. Bereich I der Rissausbreitung) mit meist kristallographisch orientierter Rissausbreitung unter 45° zur Hauptspannungsrichtung, langsame Rissgeschwindigkeit.

c) *Makrorissausbreitung* erfolgt makroskopisch senkrecht zur Beanspruchungsrichtung, meist verbunden mit einer Gleitverformung an der Rissspitze (sog. Bereich II der Rissausbreitung); Unterbrechungen der Rissausbreitung können zur Ausbildung charakteristischer „Bruchlinien" auf der Schwingbruchfläche führen. Der sog. Bereich III der Rissausbreitung ist durch eine hohe Rissgeschwindigkeit, d. h. kleine relative Anzahl der Lastwechsel, gekennzeichnet. Bei gleichbleibenden Betriebsbedingungen nimmt der Bruchlinienabstand wegen der ansteigenden Rissausbreitungsgeschwindigkeit in Richtung auf den Restbruch zu.

d) *Restbruch*, der bei den meisten Werkstoffen als mikroskopisch duktiler Gewaltbruch (Gleitbruch) meist innerhalb eines einzigen Lastwechsels erfolgt; in spröden Materialien mit kubisch raumzentrierter Gitterstruktur (z. B. hartvergüteter Stahl, Gusseisen) können Misch- oder Trennbrüche auftreten.

10.3.3 Warmbruch

Warmbrüche entstehen durch kombinierte mechanische und thermische Beanspruchung. Erhöhte Temperatur und gleichzeitig wirkende mechanische Spannungen führen zu Änderungen der Werkstoffeigenschaften, wie Verfestigung infolge von Kriechverformung, Entfestigung durch thermisch aktivierte Erholung, Änderung der Versetzungsstruktur, Bildung von Poren und Mikrorissen, Rekristallisation und Teilchenkoagulation. Die hauptsächlichen Schadensarten sind [4]:

a) *Warmriss*: Werkstofftrennung, die nicht den gesamten Querschnitt erfasst und in Zusammenhang mit Temperatureinwirkungen (Wärmespannungen, Temperaturwechsel, Temperaturgradienten) steht, z. B. Schweißspannungsriss, Zeitstandriss, Temperaturwechselriss, Schleifriss, Härteriss, Heißriss, Lotriss.

b) *Warmgewaltbruch* unter statischer oder quasistatischer Belastung bei erhöhter Temperatur mit den hauptsächlichen Arten:

- Warmzähbruch: Kurzzeitwarmgewaltbruch mit deutlicher plastischer Verformung im Bruchbereich
- Warmsprödbruch: Spontaner Warmgewaltbruch mit geringer plastischer Verformung im Bruchbereich
- Hochtemperatursprödbruch: Spröder Gewaltbruch im Bereich der Solidustemperatur
- Zeitstandbruch: Warmgewaltbruch bei langzeitiger statischer oder quasistatischer Beanspruchung

c) *Warmschwingbruch* unter wechselnder mechanischer Beanspruchung bei erhöhter Temperatur mit den hauptsächlichen Arten:

- LCF-(low cycle fatigue)-Warmschwingbruch: Bruch mit $< 10^4$ Lastwechseln infolge Überschreitens der Zeitschwingfestigkeit im plastischen Verformungsbereich
- HCF-(high cycle fatigue)-Warmschwingbruch: Bruch mit $> 10^4$ Lastwechseln infolge Überschreitens der Zeitschwingfestigkeit im Überwiegend elastischen Verformungsbereich

d) *Temperaturwechselbruch* (Thermoermüdungsbruch): Bruch unter wechselnder Temperaturbeanspruchung infolge Überschreitens der Zeitschwingfestigkeit durch Wärmedehnungswechsel.

10.4 Korrosion

Korrosion ist eine „Reaktion eines metallischen Werkstoffes mit seiner Umgebung, die eine messbare Veränderung des Werkstoffes bewirkt" (DIN 50 900-2 und DIN EN ISO 8044). Von einem Korrosionsschaden spricht man, wenn die Korrosion die Funktion eines Bauteiles oder eines ganzen Systems beeinträchtigt. In den meisten Fällen ist die Korrosionsreaktion elektrochemischer Natur, sie kann jedoch auch chemischer (nichtelektrochemischer) oder metallphysikalischer Natur sein.

10.4.1 Korrosionsarten

Es ist zweckmäßig, zwischen Korrosion mit und ohne mechanische Beanspruchung, sowie nach der Art des chemischen Angriffs zu unterscheiden. Zu der *Korrosion ohne mechanische Beanspruchung* gehören im Wesentlichen:

- *Flächenkorrosion*: Der Werkstoff wird an der Oberfläche mit nahezu gleichmäßiger Abtragungsrate aufgelöst.
- *Muldenkorrosion*: Eine ungleichmäßige Werkstoffauflösung an der Oberfläche, die auf einer örtlich unterschiedlichen Abtragungsrate infolge von Korrosionselementen beruht. Sie führt zu Mulden, deren Durchmesser größer ist als ihre Tiefe.
- *Lochkorrosion*: Die Metallauflösung ist auf kleine Bereiche begrenzt und führt zu kraterförmigen, die Oberfläche unterhöhlenden oder nadelstichförmigen Vertiefungen, dem sogenannten Lochfraß. Sie hat ihre Ursache in der Entstehung von Anoden geringer örtlicher Ausdehnung an Verletzungen von Deckschichten.
- *Spaltkorrosion*: Auflösung des Werkstoffes in Spalten durch Konzentrationsunterschiede des korrosiven Mediums (z. B. durch Sauerstoffverarmung) innerhalb und außerhalb des Spaltes.
- *Kontaktkorrosion*: Beschleunigte Auflösung eines metallischen Bereichs, der in Kontakt zu einem Metall mit höherem freien Korrosionspotenzial steht.
- *Heißgaskorrosion*: Korrosion von Metallen in Gasen, die mindestens eines der Elemente O, C, N oder S enthalten, bei hohen Temperaturen.

Zur Korrosion bei zusätzlicher mechanischer Belastung zählen die

– *Spannungsrisskorrosion*: Rissbildung in metallischen Werkstoffen unter gleichzeitiger Einwirkung einer Zugspannung (auch als Eigenspannung im Werkstück) und eines bestimmten korrosiven Mediums. Kennzeichnend ist eine verformungsarme Trennung oft ohne Bildung sichtbarer Korrosionsprodukte.

– *Schwingungsrisskorrosion*: Verminderung der Schwingfestigkeit eines Werkstoffes durch Korrosionseinflüsse, die zu einer verformungsarmen, meist transkristallinen Rissbildung führt.

10.4.2 Korrosionsmechanismen

Ursache aller Korrosionserscheinungen ist die thermodynamische Instabilität von Metallen gegenüber Oxidationsmitteln. Am häufigsten handelt es sich dabei um *elektrochemische Korrosion*, die nur in Gegenwart einer ionenleitenden Phase abläuft. Die Reaktion setzt sich aus zwei Teilschritten zusammen: Zuerst wird das Metall oxidiert, d. h. den reagierenden Metallatomen werden Elektronen entzogen:

1. Anodischer Teilschritt: Metallauflösung

$$Me \rightarrow Me^{z+} + ze^-$$

Die abgegebenen Elektronen müssen dabei auf einen Bestandteil der angrenzenden Elektrolytlösung übergehen, der selbst reduziert wird. Man unterscheidet hierbei zwischen Säurekorrosion, bei der Wasserstoffionen zu molekularem Wasserstoff reduziert werden, und Sauerstoffreduktion, bei der Sauerstoff als Oxidationsmittel wirkt:

2. Kathodischer Teilschritt: Reduktionsreaktion
a) Säurekorrosion: $2\,H^+ + 2\,e^- \rightarrow H_2$,
b) Sauerstoffkorrosion:

$$O_2 + 2\,H_2O + 4\,e^- \rightarrow 4\,OH^- \ .$$

Es bildet sich ein Stromkreis aus, bestehend aus einem Elektronenstrom im Metall und einem Ionenstrom im Elektrolyten. Beide Teilvorgänge erfolgen gleichzeitig, entweder unmittelbar benachbart oder räumlich getrennt. Als Reaktionsprodukt entstehen meist Metalloxide oder -hydroxide.

Unter *physikalischer Korrosion* versteht man u. a. Diffusionsvorgänge entlang der Korngrenzen, während Absorption von Wasserstoff bei niedrigen Temperaturen in Metallen zur *metallphysikalischen Korrosion* zählt. Bei der *chemischen Korrosion* handelt es sich z. B. um die Auflösung von Metallen in nicht ionenleitenden Flüssigkeiten. Der Versagensmechanismus bei der Spannungsrisskorrosion umfasst (wie allgemein bei Bruchvorgängen) die Phasen der Rissbildung und der Rissausbreitung. Durch das Entstehen von Lokalelementen an mechanisch beanspruchten Teilen und durch korrosiven Angriff wird die Anrissbildung begünstigt. Da an der Rissspitze eine erhebliche Spannungskonzentration besteht, setzt dort bevorzugt eine anodische Metallauflösung an, d. h., auch die Rissausbreitungsphase wird durch die elektrochemischen Mechanismen beeinflusst. Der Spannungsintensitätsfaktor zur Rissausbreitung in korrosiver Umgebung ist niedriger als der Spannungsintensitätsfaktor in neutraler Umgebung.

10.4.3 Korrosionsschutz

Wegen der Vielfalt der Korrosionsarten und -mechanismen erfordert der Schutz von Bauteilen eine sorgfältige Analyse des Einzelfalls. Außer durch korrosionsgerechte Gestaltung können Korrosionsvorgänge durch die folgenden Maßnahmen gehemmt werden:

1. Beeinflussung der Eigenschaften der Reaktionspartner und/oder Änderung der Reaktionsbedingungen durch
   – Ausschluss von korrosiven Medien,
   – Ändern des pH-Wertes,
   – Zugabe von Inhibitoren.
2. Trennung des metallischen Werkstoffes vom korrosiven Mittel durch
   – organische,
   – anorganisch-nichtmetallische,
   – metallische Schutzschichten.
3. elektrochemische Maßnahmen:
   – kathodischer Korrosionsschutz
   – anodischer Korrosionsschutz
4. Verwendung besser geeigneter Werkstoffe. z. B. von Polymerwerkstoffen, Keramik sowie Metallegierungen.

10.5 Biologische Materialschädigung

Als biologische Materialschädigung werden unerwünschte Veränderungen von Stoffen durch Organismen bezeichnet. Sie entstehen hauptsächlich dadurch, dass Materialien organischer Art

Organismen als Nahrung dienen. In anderen Fällen ergeben sich Beschädigungen durch Nagetätigkeit von Insekten oder Wirbeltieren oder durch chemische Wirkungen von Mikroorganismen [5].

10.5.1 Materialschädigungsarten

Biologische Materialschädigungen können besonders ausgeprägt an organischen Stoffen und Naturstoffen (speziell Holz und Holzwerkstoffen) jedoch auch an Materialien aus anderen Werkstoffgruppen auftreten.

(a) Metallische Werkstoffe
Schädigungsbeispiele: Lochfraß-Korrosion durch anaerobe sulfatreduzierende Bakterien sowie durch schwefel- und eisenoxidierende aerobe Bakterien; korrosiver Angriff auf Fe, Cu, Al, Pb durch Ausscheidung von organischen und anorganischen Säuren aus Schimmelpilzhyphen; Nageschäden durch Insekten (z. B. Holzwespen, Termiten) an Metallen (z. B. Pb-Umhüllungen elektr. Kabel), die weicher als die harten Mundwerkzeuge dieser Materialschädlinge sind.

(b) Mineralische Baustoffe
Schwefeloxidierende und nitrifizierende Bakterien verursachen Materialschäden durch Verminderung des pH-Wertes an Baustoffoberflächen (z. B. Kalksandstein) und fördern dadurch andere Mikroorganismen in ihrer Entwicklung. Bakterien und Schimmelpilze können bei hinreichender Dauerfeuchtigkeit Putzmörtel, Sandsteine und Beton schädigen und durchwachsen.

(c) Kunststoffe
Streptomyceten und andere Bakterien sowie Schimmelpilze können bei ausreichender Feuchtigkeit auf Kunststoffen wachsen, Weichmacher, Füllstoffe, Stabilisatoren und Emulgatoren abbauen und zu Verfärbungen, Masse- und Festigkeitsverlusten führen. (Beständig gegen Mikroorganismen sind verschiedene ungefüllte Polymerwerkstoffe, wie z. B. PE, PS, PVC, PTFE, PMMA, PC, vgl. 5.5). An elektrischen und elektronischen Geräten können Pilzhyphen eine Verminderung des Oberflächenwiderstandes und damit Kriechströme und Kurzschlüsse bewirken.

(d) Holz- und Holzwerkstoffe
Holz wird, z. B. bei hoher Holzfeuchtigkeit – die Mindestwerte liegen zwischen 22% und Fasersättigung –, von Mikroorganismen durch Abbau von Kohlehydraten und Zellulose geschädigt.

10.5.2 Materialschädlinge und Schadformen

Die wichtigsten Materialschädlinge gehören den Gruppen der Mikroorganismen sowie der Insekten an. Daneben kommen in einzelnen weiteren Tiergruppen Materialschädlinge vor.

Unter den Mikroorganismen sind Bakterien und mikroskopische Pilze aus den Gruppen der Ascomyceten, der imperfekten Pilze und der Basidiomyceten die wichtigsten; daneben kommen Algen in Betracht. Von den Insekten stehen Gruppen, die ein starkes Nagevermögen besitzen, im Vordergrund; dies sind Termiten und Käfer (Coleoptera). Bedeutende Schädlinge gehören aber auch zu den Schmetterlingen (Lepidoptera) und Hautflüglern (Hymenoptera). Von anderen Tieren schädigen einzelne Wirbeltiere (Vertebrata) Material auf dem Lande, gewisse Muscheln (Mollusca) und Krebstiere (Crustacea) Material im Meerwasser, daneben haben auch Hohltiere (Coelenterata) und Moostierchen (Bryozoa) eine Bedeutung als Schiffsbewuchs.

Die hauptsächlichen *Holzschädlinge* und die durch sie verursachten Schadformen sind in Mitteleuropa folgende:

– Echter Hausschwamm (Serpula lacrymans): Mycel weiß bis graubräunlich, graue Stränge (bis Bleistiftdicke) brechen mit Knackgeräusch; Holz-Wassergehalt > 25% erforderlich; Braunfärbung des befallenen Holzes, Rissbildung, „Würfelbrüchigkeit"; gefährlichster holzzerstörender Pilz.
– Braunfäule-Erreger: Pilze, bauen Zellulose ab; Braunfärbung des Holzes, Rissbildung parallel und senkrecht zur Holzfaser, Gewichts- und Volumenverlust, würfeliger Zerfall.
– Weißfäule-Erreger: Pilze, bauen Zellulose und Lignin ab; Holz grau-weiß verfärbt, Erweichung ohne Volumenverlust.
– Moderfäule-Pilze: Bauen Zellulose (langsam) ab; hohe Holzfeuchtigkeit erforderlich, Holzoberfläche in feuchtem Zustand weich, trocken rau und schuppig.
– Bläuepilze: Ernährung von Zellinhaltsstoffen; Holzfestigkeit nicht beeinträchtigt, Farbstoff: Melaninpigmente.
– Schimmelpilze: Verwerten Zucker- und Stärkegehalt des Holzes; rote, braune, graue Oberflächenverfärbungen; keine Zerstörung, kein Festigkeitsverlust.

– Hausbockkäfer (Hylotrupes bajulus): Weiße Larve („großer Holzwurm") befällt nur Nadelholz (rel. Luftfeuchte > 40%), bevorzugt Splintbereiche, meidet Kernholz; erzeugt 6 bis 10 mm breite ovale Fraßgänge und Fluglöcher.

– Gewöhnlicher Nagekäfer (Anobium punctatum): Engerlingartige Larve („kleiner Holzwurm") befällt Nadel- und Laubhölzer (Möbelteile), erzeugt kreisförmige Fraßgänge und Fluglöcher von 2 bis 3 mm Durchmesser.

10.5.3 Materialschutz gegen Organismen

Für den Schutz gegen Materialschädlinge bestehen folgende prinzipielle Möglichkeiten:

1. Geeignete Oberflächenresistenz, insbesonders durch Härte und Glatte;
2. Geeignete Umweltbedingungen, insbesonders niedrige Luft- und Materialfeuchtigkeit;
3. Einsatz von Repellentien (Abschreckstoffen);
4. Einsatz von Materialschutzmitteln in Form von Fungiziden oder Insektiziden.

Die wichtigsten Materialschutzmittel sind Holzschutzmittel. Sie werden eingeteilt in: Wasserlösliche Holzschutzmittel mit Wirkstoffen wie Siliconfluorid (SF) oder Kombinationen von Chrom-Fluor-Kupfer-Arsen-Bor (CFKAB-Salzen) und ölige Holzschutzmittel, z. B. Teerölpräparate.

Holzschutzmittel werden durch Streichen, Spritzen, Tauchen, Trogtränkung, Kesseldrucktränkung (beste Eindringwirkung) aufgebracht.

Holzschutzmittel unterliegen in der Bundesrepublik Deutschland einer Prüfzeichenpflicht in Hinblick auf die Anwendung für tragende oder aussteifende Zwecke in baulichen Anlagen (DIN 68 800-1).

10.6 Tribologie

Tribologie ist die Wissenschaft und Technik von aufeinander einwirkenden Oberflächen in Relativbewegung.

Die hauptsächlichen funktionellen Aufgaben von Tribosystemen, erläutert durch typische technische Beispiele, sind:

– Bewegungsübertragung (z. B. Gleitlager, Wälzlager)
– Kraft- und Energieübertragung (Getriebe)

– Informationsübertragung (Relais, Drucker)
– Stofftransport (Pipeline, Förderband)
– Stoffabdichtung (Kolben/Zylinder)
– Materialbearbeitung (Drehen, Fräsen, Schleifen)
– Materialumformung (Walze, Ziehdüse)

An tribologisch beanspruchten Werkstoffen können durch Kontaktdeformation sowie durch Reibung und Verschleiß mikro- und makroskopische Materialschädigungen hervorgerufen werden [6].

10.6.1 Reibung

Die Reibung wirkt der Relativbewegung sich berührender Körper entgegen. Sie wird gekennzeichnet durch die Reibungszahl

$$f = \text{Reibungskraft } F_R/\text{Normalkraft } F_N .$$

Die durch dissipative Deformations- und Adhäsionsprozesse verursachte Reibungsarbeit wird größtenteils in Wärme umgewandelt. Die Reibungszustände in einem tribologischen System, wie z. B. einem Gleitlager, bestehend aus den Reibpartnern Grundkörper (Lagerschale) und Gegenkörper (Welle) sowie einem flüssigen Schmierstoff können als Funktion von Schmierstoffviskosität, Gleitgeschwindigkeit und Normalkraft durch die sog. Stribeck-Kurve beschrieben werden, siehe Bild 10-3. Abhängig vom Verhältnis $\lambda = h/\sigma$ der Schmierstoff-Filmdicke h zur mittleren Rauheit σ der Gleitpartner, werden die folgenden Zustände mit verschiedenen Bereichen der Reibungszahl f und des Verschleißkoeffizienten k (Verschleißvolumen/(Belastung F_N · Gleitweg s)) unterschieden:

I. Festkörperreibung ($\lambda < 1$)
    Reibung bei unmittelbarem Kontakt der Reibpartner (Grundkörper und Gegenkörper). Wenn die Reibpartner von einem molekularen Schmierfilm bedeckt sind, spricht man von Grenzreibung.
II. Mischreibung ($1 < \lambda < 3$) Reibung, bei der Festkörperreibung und Flüssigkeitsreibung nebeneinander vorliegen.
III. Flüssigkeitsreibung ($\lambda > 3$) Reibung in einem die Reibpartner vollständig trennenden hydrodynamischen oder elastohydrodynamischen (EHD) Schmierstofffilm.

Die Reibung wird in den Bereichen I und II im Wesentlichen durch die Festkörper- und Grenzflä-

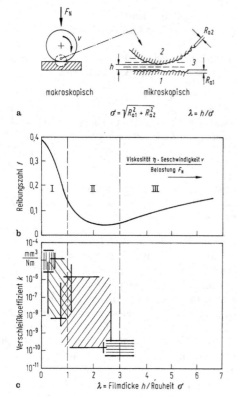

$$\sigma' = \sqrt{R_{a1}^2 + R_{a2}^2} \qquad \lambda = h/\sigma'$$

Bild 10-3. Reibungs- und Verschleißcharakteristik eines tribologischen Gleitsystems in Abhängigkeit des Kontakt und Schmierungszustandes. **a** Tribologisches System; **b** Reibungskurve (Stribeck-Kurve); **c** Verschleißspektrum

Tabelle 10-1. Reibungszahl – Größenordnung für verschiedene Reibungszustände (Übersicht)

Reibungszustand	Zwischenstoff	Reibungszahl f
Festkörperreibung	–	$> 10^{-1}$
Mischreibung	partieller Schmierstofffilm	$10^{-2} \ldots 10^{-1}$
Flüssigkeitsreibung	Schmierstofffilm	$< 10^{-2}$
Rollreibung	Wälzkörper	$\approx 10^{-3}$
Luftreibung	Gas	$\approx 10^{-4}$

10.6.2 Verschleiß

Verschleiß ist der fortschreitende Materialverlust aus der Oberfläche eines festen Körpers, hervorgerufen durch mechanische Ursachen, d. h. Kontakt und Relativbewegung eines festen, flüssigen oder gasförmigen Gegenkörpers (tribologische Beanspruchung). Im Unterschied zu den Festigkeitseigenschaften, die Werkstoff- oder Bauteilkenngrößen sind, resultiert der Verschleiß aus dem Zusammenwirken aller an einem Verschleißvorgang beteiligten Teile eines Systems; es kann nur mit „systemspezifischen" Verschleißkenngrößen beschrieben werden. Entsprechend der allgemeinen Darstellung eines tribologischen Systems nach Bild 10-4 werden Verschleißvorgänge hauptsächlich von folgenden Faktoren beeinflusst:

a) Beanspruchungskollektiv, gebildet durch
   – die Bewegungsform oder Kinematik (Gleiten, Rollen oder Wälzen, Stoßen oder Prallen, Strömen),
   – den zeitlichen Bewegungsablauf (kontinuierlich, oszillierend, intermittierend),
   – die Beanspruchungsgrößen Belastung, Geschwindigkeit, Temperatur, Beanspruchungsdauer;
b) Struktur des tribologischen Systems, d. h.
   – die am Verschleißvorgang beteiligten Bauelemente (Grundkörper *1*, Gegenkörper *2*, Zwischenstoff *3*, Umgebungsmedium *4*),
   – die Stoff- und Formeigenschaften der Bauelemente,
   – die tribologischen Wechselwirkungen zwischen den Systemelementen (Kontaktzustand, Reibungszustand, Verschleißmechanismen).

cheneigenschaften der sich berührenden Werkstoffe und im Bereich III durch die rheologischen Eigenschaften des Schmierstoffs (sowie bei EHD durch die elastischen Eigenschaften von Grund und Gegenkörper) beeinflusst. Die Reibung ist (wie der Verschleiß, siehe 10.6.2) keine Werkstoff- sondern eine Systemeigenschaft, deren Größe von zahlreichen Parametern abhängt. Reibungszahlen für bestimmte Materialpaarungen müssen labormäßig mit Tribometern oder betrieblich mit Original-Bauteilen experimentell bestimmt werden. Eine Übersicht über die Größenordnung von Reibungszahlen für die verschiedenen Reibungszustände gibt Tabelle 10-1, detaillierte Daten der Tribometrie und Reibungszahlen enthält [1].

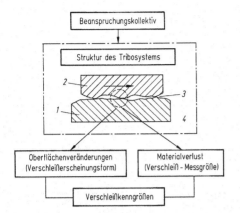

Bild 10-4. Verschleiß als Kennzeichen eines tribologischen Systems

Abhängig von der tribologischen Beanspruchung und der Kinematik werden verschiedene Verschleißarten unterschieden: Gleitverschleiß, Wälzverschleiß, Prall- oder Stoßverschleiß, Schwingungsverschleiß. Eine Materialabtragung durch strömende Medien wird als Erosion, eine (lokale) Materialzerstörung durch implodierende Dampfblasen als Kavitation bezeichnet.

Durch Überlagerung tribologischer und anderer Beanspruchungen sind folgende Schädigungsarten charakterisiert (siehe Bild 10-1):

▶ Korrosionsverschleiß (auch: Reibkorrosion): Korrosion kombiniert mit tribologischer Schwingungsbeanspruchung („Passungsrost").

▶ Reibdauerbruch: Schwingbruch, bei dem zusätzliche tribologische Beanspruchungen zu einer Verminderung der Schwingfestigkeit führt („fretting fatigue").

Die quantitative Beschreibung des Verschleißes erfolgt durch verschiedene Verschleiß-Messgrößen zur Kennzeichnung verschleißbedingter Längen-, Flächen-, Volumen- oder Massenänderungen. Infolge der Systemgebundenheit des Verschleißes können Verschleißkenngrößen nicht einzelnen Werkstoffen, sondern nur tribologischen Systemen zugeordnet werden. Sie können um mehrere Zehnerpotenzen variieren (siehe Bild 10-3c). Verschleißkenngrößen für bestimmte Materialpaarungen müssen wie die Reibung experimentell – bei Vorgabe der Systemparameter – bestimmt werden (vgl. [1]).

10.6.3 Verschleißmechanismen

Prozesse des Verschleißes, die sog. Verschleißmechanismen, werden ausgelöst durch tribologische Beanspruchungen, d. h. die kräftemäßigen und stofflichen Wechselwirkungen in kontaktierenden Oberflächen, verbunden mit der Umsetzung von Reibungsenergie. Es werden, neben den zu einer Kontaktdeformation führenden Hertzschen Beanspruchungen, die folgenden Haupt-Verschleißmechanismen unterschieden:

– Oberflächenzerrüttung: Ermüdung und Rissbildung in Oberflächenbereichen durch tribologische Wechselbeanspruchungen, die zu Materialtrennungen führen (z. B. Grübchen),

– Abrasion: Materialabtrag durch ritzende Beanspruchung (Mikrospanen, Mikropflügen, Mikrobrechen).

– tribochemische Reaktionen: Entstehung von Reaktionsprodukten durch die Wirkung von tribologischer Beanspruchung bei chemischer Reaktion von Grundkörper, Gegenkörper und umgebendem Medium,

– Adhäsion: Ausbildung und Trennung von Grenzflächen-Haftverbindungen (z. B. Kaltverschweißungen, „Fressen").

Bild 10-5 gibt eine Übersicht über die hauptsächlichen Verschleißmechanismen und die beteiligten Detailprozesse. Die Komplexität des Verschleißes zeigt sich darin, dass die Haupt-Verschleißmechanismen einzeln auftreten, sich abwechseln oder auch gleichzeitig einander überlagert sein können. Die Methoden der Verschleißuntersuchung reichen von der Raster-Tunnelmikroskopie über die Verschleiß-Sensortechnik bis zum betrieblichen „condition monitoring". Die Erscheinungsbilder tribologisch beanspruchter Oberflächen sind in [1] dargestellt.

10.6.4 Verschleißschutz

Verschleißbeeinflussende Maßnahmen müssen von einer individuellen Systemanalyse des jeweiligen Problems ausgehen. Verschleißmindernde Maßnahmen können entweder das Beanspruchungskollektiv modifizieren – z. B. Vermindern der Flächenpressung, Verbessern der Kinematik (Wälzen statt Gleiten) – oder die Struktur des tribologischen Systems durch geeignete Konstruktion, Werkstoffwahl oder Schmierung beeinflussen. Von besonderer Bedeutung für den Verschleißschutz ist dabei die gezielte Beeinflussung

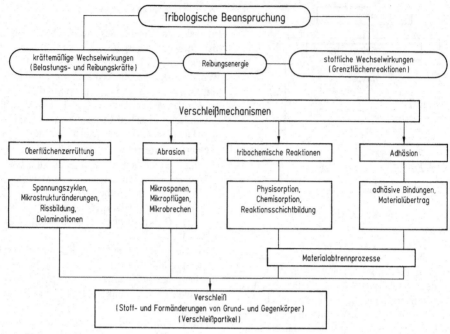

Bild 10–5. Verschleißmechanismen: Übersicht über Stoff- und Formänderungsprozesse unter tribologischer Beanspruchung

der wirkenden Verschleißmechanismen, z. B. durch folgende Maßnahmen:

a) Beeinflussung der Abrasion: Für den Widerstand gegenüber der Abrasion ist die sog. Verschleiß-Tieflage-Hochlage-Charakteristik besonders wichtig. Danach ist der Verschleiß nur dann gering, wenn der tribologisch beanspruchte Werkstoff härter als das angreifende Material ist. Für die Werkstoffauswahl gilt demnach Folgendes:
 – Härte des beanspruchten Werkstoffs mindestens um den Faktor 1,3 größer als die Härte des Gegenkörpers;
 – harte Phasen, z. B. Carbide in zäher Matrix;
 – wenn das angreifende Material härter als der Werkstoff ist: zäher Werkstoff.

b) Beeinflussung der Oberflächenzerrüttung:
 – Werkstoffe mit hoher Härte und hoher Zähigkeit (Kompromiss);
 – homogene Werkstoffe (z. B. Wälzlagerstähle);
 – Druckeigenspannungen in den Oberflächenzonen, z. B. durch Aufkohlen oder Nitrieren.

c) Beeinflussung der Adhäsion:
 – Schmierung;
 – Vermeiden von Überbeanspruchungen, durch welche der Schmierfilm und die Adsorptions- und Reaktionsschichten von Werkstoffen durchbrochen werden;
 – Verwendung von Schmierstoffen mit EP-Additiven (extreme pressure);
 – Vermeidung der Paarung Metall/Metall; stattdessen: Kunststoff/Metall, Keramik/Metall, Kunststoff/Kunststoff, Keramik/Keramik, Kunststoff/Keramik;
 – bei metallischen Paarungen: keine kubisch flächenzentrierten Metalle, sondern kubisch raumzentrierte und hexagonale Metalle; Werkstoffe mit heterogenem Gefüge.

d) Beeinflussung tribochemischer Reaktionen:
 – keine Metalle, höchstens Edelmetalle; stattdessen Kunststoffe und keramische Werkstoffe;
 – formschlüssige anstelle von kraftschlüssigen Verbindungen;

– Zwischenstoffe und Umgebungsmedium ohne oxidierende Bestandteile;
– hydrodynamische Schmierung.

10.7 Methodik der Schadensanalyse

Gezielte Maßnahmen zur Schadensabhilfe und -verhütung können nur dann getroffen werden, wenn die Schadensursachen durch Untersuchungen sorgfältig analysiert wurden. Nach der VDI-Richtlinie 3822 soll eine Schadensanalyse die folgenden hauptsächlichen Schritte umfassen:

1. Schadensbefund
   a) Dokumentation des Schadens;
   b) Schadensbild: Zustand des beschädigten Bauteils;
   c) Schadenserscheinung: Merkmale einer Schadensart (z. B. Verformung, Risse, Brüche, Korrosions- oder Verschleißerscheinungen).
2. Bestandsaufnahme
   a) Allgemeine Information: Anlagen- bzw. Bauteilart, Hersteller, Betreiber, Inbetriebnahmedatum, Einsatzbedingungen, Revisionszeitpunkte, Überwachungserfordernisse, Betriebszeit.
   b) Vorgeschichte: Art, Herstellung, Weiterverarbeitung, Güteprüfung des Werkstoffs; Gestaltung, Fertigung, Güteprüfung des Bauteils; Funktion des Bauteils, Betriebsbedingungen während der Betriebszeit und kurz vor dem Schadenseintritt; zeitlicher Ablauf des Schadens.
3. Untersuchungen
   a) Untersuchungsplan,
   b) Probennahme,
   c) Einzeluntersuchungen: Einsatz von zerstörungsfreien und/oder zerstörenden Prüfverfahren und Simulationsversuchen zur Beurteilung von: Schadensbild- und -erscheinung, fraktographische Untersuchung, Werkstoffzusammensetzung, Werkstoffgefüge und -zustand, physikalischen und chemischen Eigenschaften, Gebrauchseigenschaften,
   d) Auswertung.
4. Schadensursachen
   Fazit des Schadensbefundes, der Bestandsaufnahme und der Untersuchungen.

5. Schadensabhilfe
   Vorschläge für Abhilfemaßnahmen unter Berücksichtigung von Konstruktion, Fertigung, Werkstoff und Betrieb.
6. Schadensbericht
   a) Zusammenfassung der Schadensanalyse,
   b) Gliederungsbestandteile: Auftraggeber, Bezeichnung des Schadenteils, Anlass zur Schadensuntersuchung, Art und Umfang des Schadens, Ergebnisse der Bestandsaufnahme, Ergebnisse der Einzeluntersuchungen, Schadensursache, Reparaturmöglichkeiten und -maßnahmen, Hinweise zur Schadensabhilfe und Schadensverhütung.

11 Materialprüfung

Die Materialprüfung dient in allen Stadien des Materialkreislaufs (siehe Bild 1-1) der Eigenschafts-, Qualitäts- und Sicherheitsanalyse von Materialien und der Beurteilung ihrer funktionellen, wirtschaftlichen und umweltfreundlichen Anwendung. Grundlegende Aufgaben der Materialprüfung sind:

– Analyse der chemischen Zusammensetzung und der Mikrostruktur
– Ermittlung von Werkstoffkennwerten
– Bestimmung des Materialverhaltens unter den verschiedenen Beanspruchungen, z. B. mechanischer, thermischer, strahlungsphysikalischer, chemischer, biologischer oder tribologischer Art
– Entwicklung und Anwendung von Methoden zur Beanspruchungsanalyse und anwendungsorientierten Beurteilung von Werkstoffen, Bauteilen und Konstruktionen
– Kontrolle von Materialeigenschaften bei der Fertigung, Weiterverarbeitung und Montage technischer Produkte
– Überwachung von Werkstoffzuständen während des Betriebs von Maschinen, Anlagen und technischen Systemen
– Untersuchung und Aufklärung von Schadensfällen.

Die Materialprüfung reicht von der atomar-nanotechnologischen und mikrosystemtechnischen Untersuchung über die Bauteil- und Systemprüfung bis hin zur Bewertung großtechnischer Anlagen. Neben experimentellen und sensortechnischen

Methoden kommen zunehmend mathematische und computerunterstützte Techniken zur Modellierung, Simulation und Beurteilung des Werkstoff-, Bauteil- und Systemverhaltens zur Anwendung. Der Kompetenznachweis erfolgt durch Qualitätsmanagementsysteme (siehe 11.9).

Eine umfassende Darstellung der Methoden zur Charakterisierung von Werkstoffen gibt das *Springer Handbook of Metrology and Testing* [1] mit folgender Gliederung: A The Fundamentals of Metrology and Testing (Principles, Organization, Quality), B Chemical and Microstructural Analysis (Chemical Composition, Nanoscopic Architecture and Microstructure, Surfaces and Interfaces), C Materials Properties Measurement (Mechanical, Thermal, Electrical, Magnetic, Optical), D Materials Performance Testing (Corrosion, Friction and Wear, Biogenic Impact, Materials-Environment Interaction, Performance Control), E Modelling and Simulation Methods (Molecular Dynamics, Continuum Constitutive Modeling, Finite Element and Finite Difference Methods, CALPHAD Method, Phase Field, Monte Carlo Methods, Appendix: International Standards of Materials Measurement Methods.

11.1 Planung von Messungen und Prüfungen

Die grundlegenden Tätigkeiten der Materialprüfung sind gekennzeichnet durch die folgenden Begriffe [2]

– Messung: das Ausführen von geplanten Tätigkeiten zum quantitativen Vergleich der Messgröße (physikalische Größe) mit einer Einheit (DIN 1319-1).
– Prüfung: Technischer Vorgang, der aus dem Ermitteln eines oder mehrerer Merkmalswerte eines Produktes, eines Prozesses oder einer Dienstleistung nach einem festgelegten Verfahren besteht (DIN EN 45 020).

In der Materialprüfung muss vielfach die traditionelle Experimentiertechnik der Physik – in der die Messgröße möglichst nur von einem Einflussfaktor abhängt, alle anderen Parameter konstant gehalten („Einparameterversuche") und die Untersuchungsobjekte durch Messmethode und Beobachter nicht beeinflusst werden – erweitert werden. So lassen sich Untersuchungen an Werkstoffen, Bauteilen und Konstruktionen häufig nur unter der Variation mehrerer,

z. T. voneinander abhängiger Variabler durchführen („Mehrparameterversuche"). Außerdem können verschiedene Werkstoffkennwerte Wahrscheinlichkeitsverteilungen (siehe Teil B) unterliegen oder auch nur durch extreme Beanspruchung der Untersuchungsobjekte erhalten werden („zerstörende Prüfungen").

Infolge der großen Aufgaben- und Verfahrensvielfalt müssen die folgenden Gesichtspunkte bei der Planung, Durchführung und Auswertung berücksichtigt werden:

1. Präzise Formulierung der Aufgabenstellung
2. Exakte Kennzeichnung des Prüfobjektes
3. Spezifikation der „Probenahme"
4. Wahl und Bezeichnung aussagekräftiger Mess- und Prüfgrößen
5. Wahl und Bezeichnung geeigneter Mess- und Prüfapparaturen (Spezifikation der „Messkette", vgl. H 1.1.1)
6. Mathematisch-statische Versuchsplanung (z. B. im Hinblick auf Probenzahl, Anzahl der Wiederholversuche)
7. Erfassung, Verarbeitung und Auswertung von Mess- und Prüfwerten (z. B. Verwendung geeigneter Messaufnehmer und Sensoren, Bildverarbeitung, Prozessrechnertechnik)
8. Berücksichtigung systematischer Fehlereinflüsse von Messobjekt, Messmethode, Messgerät und Umgebung
9. Anwendung geeigneter mathematischer Auswerteverfahren unter Berücksichtigung der Verteilung von Merkmalen (z. B. Streubereiche von chem. Zusammensetzung, Abmessungen)
10. Numerische Angabe der Versuchsergebnisse in statistisch abgesicherter Form unter Angabe der Ergebnisunsicherheit.

11.2 Chemische Analyse von Werkstoffen

11.2.1 Analyse anorganischer Stoffe

Bei der klassischen „nass-chemischen" Analyse werden durch Aufschlüsse, z. B. mit starken Säuren, die im Material vorliegenden Elemente und Verbindungen in Ionen umgewandelt. Diese werden voneinander getrennt, identifiziert und quantitativ bestimmt, z. B. durch Fällung oder Titration. Diese bekannte Art der Identifizierung wird ergänzt durch spektroskopische Methoden (z. B. Röntgenemissions- und Röntgenfluoreszenzspektrometrie), die auch zu quantitativen Analysen herangezogen werden und bei denen die Intensität der vom Atom abgegebenen charakteristischen Strahlung als Maß für die Menge dient. Diese Intensität ist allerdings von den anderen im Werkstoff vorhandenen Bestandteilen abhängig, sodass eine quantitative Analyse dieser Art einer Korrektur durch Vergleichsproben bedarf, wobei unter Verwendung von Referenzmaterialien absolute Mengen bestimmt werden, die dann in Relation zu analytisch genutzten Eigenschaften gebracht werden.

Bei den heutigen Verfahren der nass-chemischen quantitativen Analyse arbeitet man nicht mehr mit einzelnen Trennungsgängen, sondern erfasst mit summarischen Abtrennungen von störenden Ionen oder spezifischen Anreicherungen die gesuchten Stoffmengen. An die Stelle der Fällungen sind hauptsächlich die folgenden physikalischchemischen Methoden getreten:

Spektrometrische Methoden

Atomabsorptionsspektrometrie (AAS)
Hierbei nutzt man die Absorption von Strahlung, die von einer Hohlkathodenlampe des betreffenden Elementes ausgesandt wird, durch die zu analysierenden Metallatome in Aerosolen und Dämpfen.
Optische Emissionsspektralanalyse (OES)
Im Gegensatz zur Absorptionsspektrometrie werden hier Atome bzw. Ionen zur Emission elektromagnetischer Strahlung angeregt, z. B. durch ein induktiv gekoppeltes Plasma (ICP, inductively coupled plasma) oder einen Hochspannungsfunken (Funken-OES). Die Identifizierung der Elemente erfolgt anhand der Spektren; deren Intensität ist ein Maß für den Gehalt in den analysierten Materialien.

Photometrie

Bei der Photometrie werden in organischen Lösemitteln oder in Wasser farbige Ionen-Komplexe hergestellt, und die auftretende Farbintensität als konzentrationskennzeichnende Größe wird gemessen.

Elektrochemische Methoden

Zu den elektrochemischen Methoden zählen z. B. die Potenziometrie, Coulumetrie, Voltametrie sowie „normale" und inverse Polarographie von nasschemisch aufgeschlossenen Proben.

In der Potenziometrie nutzt man die Nernst'sche Beziehung zwischen Potenzial und Ionenkonzentration. Durch die Verwendung von ionensensitiven Elektroden erspart man sich eine Stofftrennung weitgehend. Andere Methoden nutzen die Eigenschaftsänderungen während eine Titration, z. B. die Leitfähigkeitsänderung (Konduktometrie), die Abscheidung von Ionen nach den Faradayschen Gesetzen (Coulometrie) oder Spannungsänderungen an einer polarisierten Elektrode (Voltametrie, Polarographie).

Chromatografische Methoden

Heute hat sich hier die Ionenchromatografie besonders zur Analyse von Anionen etabliert, bei der mehrere Ionen getrennt und nacheinander bestimmt werden.

11.2.2 Analyse organischer Stoffe

Bei der Analyse organischer Werkstoffe werden zur Identifizierung vor allem die auf der Absorption von Licht im Wellenbereich von 2 bis 25 µm beruhende Infrarot-(IR-) und Ramanspektrometrie (RS) sowie die Massenspektrometrie (MS) herangezogen. Weitere Hilfsmittel sind die NMR-(nuclear magnetic resonance)-Spektrometrie, vornehmlich gemessen an ^{1}H- und ^{13}C-Atomen in Lösung oder im Festkörper (CP-MAS-NMR, cross polarization, magic angle spinning, nuclear magnetic resonance) und chromatografische Methoden wie Dünnschichtchromatografie (DC), Flüssigkeitschromatografie (HPLC, high pressure liquidchromatography) oder Gaschromatografie (GC). Die On-line-Kopplung der Flüssigchromatografie (Liquid-Adsorption Chromatography at Critical Conditions, LACCC) mit der Ausschlusschromatografie (Size exclusion Chromatography, SEC) erlaubt sowohl die Bestimmung der chemischen Heterogenität als auch die der Molmassenmittelwerte bzw. der Molmassenverteilung in einem Experiment. Zur Identifizierung der chromatografisch getrennten Spezies werden neben der Diodenarray- und der Verdampfungsstreulichtdetektion die Fourier-Transform-Infrarot-Spektroskopie (FTIR) und auch die strukturempfindliche Kernresonanztechnik (NMR) zur Identifizierung herangezogen. Mit der MALDI-TOF-MS (Matrix-Assisted Laser Desorption/Ionization Time-Of-Flight Mass-Spectrometry) können die in eine organische Matrix eingebetteten

Polymermoleküle unfragmentiert analysiert werden. Neueste Geräteentwicklungen erlauben die direkte Kopplung der flüssigchromatografischen Methoden mit der FTIR sowie der MALDI-TOF-MS.

11.2.3 Oberflächenanalytik

Die chemische Zusammensetzung von Werkstoffoberflächen ist nach Bild 2–6 durch eine Schichtstruktur gekennzeichnet. Grundsätzlich kann man durch Beschuss einer Oberfläche mit Photonen, Elektronen, Ionen oder Neutralteilchen, durch Anlegen hoher elektrischer Feldstärken oder durch Erwärmen Informationen über die Oberfläche erhalten, wenn die dabei emittierten Photonen, Elektronen, Neutralteilchen oder Ionen analysiert werden.

Bei der Elektronenstrahlmikroanalyse (Mikrosonde) wird die von einem Elektronenstrahl ausgelöste stoffspezifische Röntgenstrahlung mithilfe von wellenlängendispersiven (WDX, wavelength dispersive X-ray spectroscopy) oder energiedispersiven (EDX, energy dispersive X-ray spectroscopy) Spektrometern analysiert. Die Mikrosonde erfordert für eine Elementaranalyse (Ordnungszahl $Z > 3$) ein Untersuchungsvolumen von ca. $1\,\mu m^3$ und ist damit nur zur Analyse relativ dicker Schichten einsetzbar.

Die wichtigsten Oberflächenanalyseverfahren mit „atomarer" Auflösung sind die folgenden, unter Ultrahochvakuumbedingungen arbeitenden Methoden: (a) Auger-Elektronenspektroskopie (AES), (b) Elektronenspektroskopie für die Chemische Analyse (ESCA), (c) Sekundärionen-Massenspektrometrie (SIMS).

(a) Bei der AES wird ein Elektronenstrahl (10 bis 50 keV) rasterförmig über die Probenoberfläche geführt und die stoffspezifisch ausgelösten Auger-Sekundärelektronen ($Z > 2$) mit einer lateralen Auflösung von ca. 30 nm, einer Tiefenauflösung von ca. 10 nm und einer Nachweisgrenze von 0,1 bis 0,01 Atom-% analysiert.

(b) bei den ESCA-Verfahren unterscheidet man Ultraviolett (UPS)-, Extreme Ultraviolett (XUPS) oder Röntgen (XPS)-Fotoelektronenspektroskopie. Das XPS-Verfahren erlaubt neben einer Elementaranalyse $Z > 2$ bei einer lateralen Auflösung von ca. 150 nm

(„small spot ESCA") und einer Tiefenauflösung von ca. 10 nm den Nachweis chemischer Verbindungen („chemical shift analysis") mit einer Nachweisgrenze von 0,1 Atom-%.

(c) Bei den SIMS-Verfahren werden Ionen aus der Oberfläche durch Beschuss mit Edelgasionen herausgelöst und massenspektrometrisch nachgewiesen. Analysiert werden alle Elemente mit einer Lateralauflösung von 2 bis 5 μm, einer Tiefenauflösung von einer Monolage und einer Nachweisgrenze im Sub-ppm-Bereich.

Durch Kombination der Oberflächenanalyseverfahren mit einer Ionenkanone, die durch Ionenbeschuss die Oberfläche molekülweise abträgt (Sputtern) können auch Tiefenprofilanalysen, d. h. sukzessive analytische Informationen über die in Bild 2–6 schematisch vereinfacht dargestellten Schichtstrukturen von Werkstoffoberflächen, gewonnen werden.

11.3 Mikrostruktur-Untersuchungsverfahren

Bei den Mikrostruktur-Untersuchungsverfahren wird unterschieden zwischen den Methoden zur Erfassung und Kennzeichnung von Volumeneigenschaften und Oberflächeneigenschaften von Werkstoffen und Bauteilen.

11.3.1 Gefügeuntersuchungen

Gefügeuntersuchungen zur Darstellung der Mikrostruktur von Werkstoffen (siehe 2.2) werden bei metallischen Werkstoffen als Metallografie und bei keramischen Werkstoffen als Keramografie bezeichnet. Die Gefügeuntersuchungen erfolgen hauptsächlich mit licht- und elektronenoptischen Methoden nach einer Probenpräparation, wie z. B.:

– Mikrotomschnittpräparation, d. h. überschneiden des Untersuchungsobjektes (z. B. eines Polymerwerkstoffes) mit einer sehr scharfen und harten Messerschneide zur Erzielung einer ebenen Untersuchungsfläche;

– Mechanisches Schleifen und Polieren mit Schleifpapieren (SiC unterschiedlicher Körnung) und Polierpasten, d. h. Aufschlämmungen von Al_2O_3 oder Diamantpasten bis zu Korngrößen von ca. 0,2 μm;

– Elektrochemisches Polieren, d. h. Einebnung von Oberflächenrauheiten durch elektrochemische Auflösung.

Zur Kontrastierung von Gefügebestandteilen wird anschließend eine Korngrenzenätzung oder Kornflächenätzung unter Verwendung geeigneter Ätzlösungen für die verschiedenen Werkstoffe vorgenommen, z. B.:

– für unlegierten Stahl: 2%ige alkoholische Salpetersäure;
– für Edelstahl: Salzsäure/Salpetersäure 10:1;
– für Aluminium-Cu-Legierungen: 1% Natronlauge, 10 °C;
– für Al_2O_3-Keramik: heiße konzentrierte Schwefelsäure.

Die lichtmikroskopischen Verfahren zur Gefügeuntersuchung arbeiten mit Hellfeld- oder Dunkelfeldbeleuchtung und sind durch folgende Grenzdaten gekennzeichnet: Maximale Vergrößerung ca. 1000-fach, laterales Auflösungsvermögen in der Objektebene ca. 0,3 µm, Tiefenschärfe bei 1000-facher Vergrößerung ca. 0,1 µm. Mit Elektronenmikroskopen (EM) lässt sich das Auflösungsvermögen auf ca. 0,5 nm verbessern (Größenordnung der Gitterkonstanten von Metallen). Das Abbildungsprinzip des Transmissions-Elektronenmikroskops (TEM) beruht auf der Beugung der Elektronenstrahlen an gestörten Kristallgittern, die mit Laufzeitdifferenzen und Interferenzen verknüpft sind und Bereiche mit Gitterstörungen sichtbar werden lassen. Da im Gegensatz zu Lichtmikroskopen die TEM als Durchstrahlungsgeräte arbeiten, können als Präparate nur „Dünnfilmproben" (max. Dicke < 1 µm, abhängig von der Beschleunigungsspannung) verwendet werden, die entweder in „Abdrucktechnik" oder durch elektrolytische „Dünnung" hergestellt werden. Durch die Anregung von spezifischer Röntgenstrahlung im Untersuchungsobjekt können TEM-Untersuchungen (wie auch REM-Untersuchungen, siehe 11.3.2) durch Elementanalyse ergänzt werden.

11.3.2 Oberflächenrauheitsmesstechnik

Die Oberflächenmikrogeometrie oder Oberflächenrauheit ist eine wichtige Einflussgröße für die Funktion von Werkstoffoberflächen, z.B. bei Pass-

flächen, Dichtflächen, Gleit- und Wälzflächen. Die qualitative Untersuchung und Abbildung erfolgt mit optischen und elektronenmikroskopischen Verfahren, während eine quantitative Rauheitsmessung sowohl mit diesen Methoden als auch mit Tastschnittgeräten vorgenommen werden kann.

Beim Lichtschnittmikroskop wird die Auslenkung einer auf die zu untersuchende Oberfläche projizierten Lichtlinie durch die Oberflächenrauheit heute mittels LASER (Rautiefenauflösung ca. 0,1 µm) ausgemessen. Interferenzmikroskope gestatten eine optische Rauhtiefenmessung mit einer Auflösung von ca. 0,02 µm. Da der lichtmikroskopischen Oberflächenuntersuchung durch die niedrige Tiefenschärfe bei höheren Vergrößerungen enge Grenzen gesetzt sind (siehe 11.3.1), werden zur Untersuchung rauer Oberflächen (z. B. Bruchflächen) häufig „Stereomikroskope" (stufenlose Vergrößerung 10- bis etwa 100-fach) verwendet, die durch geeignete Objektivanordnung einen plastischen Eindruck bei beidäugiger Beobachtung ergeben.

Gleichzeitig hohe Vergrößerung (bis zu 100 000-fach) und große Schärfentiefe (> 10 µm bei 5000-facher Vergrößerung) liefert das Rasterelektronenmikroskop (REM). Beim REM wird in einer Probekammer unter Hochvakuum ein Elektronenstrahl rasterförmig über die Probenfläche bewegt, und die in Abhängigkeit von der Oberflächen-Mikrogeometrie rückgestreuten Elektronen (oder ausgelöste Sekundärelektronen) werden zur Helligkeitssteuerung (Topografiekontrast) einer Fernsehröhre verwendet. Mit Methoden der Bildverarbeitung (Graustufenanalyse) oder stereoskopischen Auswerteverfahren kann außer der Oberflächenabbildung eine numerische Klassifizierung der Oberflächenmikrogeometrie vorgenommen werden.

Die Ermittlung der genormten Rauheitskenngrößen (siehe DIN EN ISO 3274, 4287, 4288) Mittenrauwert R_a, gemittelte Rautiefe R_z und die Aufnahme von Profildiagrammen und Traganteilkurven (siehe DIN EN ISO 13 565-1 und -2) erfolgt mit elektrischen Tastschnittgeräten, die mit einer Tiefenauflösung von ca. 0,01 µm nach dem Prinzip der Diamantspitzenabtastung und anschließender mechanisch-elektrischer Messwertumwandlung arbeiten (siehe VDI/VDE Richtlinie 2602 „Rauheitsmessung mit elektrischen Tastschnittgeräten"). Neben der mechanischen

Abtastung (Nachteile: hohe Flächenpressung, Nichterfassung von Hinterschneidungen) werden auch berührungslose optische Abtastverfahren (z. B. Lasermethoden) angewendet, wobei jedoch die Zuordnung der gemessenen Reflexionskennwerte zu den genormten Rauheitskenngrößen schwierig ist.

11.4 Experimentelle Beanspruchungsanalyse

Für die funktionsgerechte Dimensionierung von Bauteilen ist die Kenntnis der Beanspruchungen erforderlich. Für mechanisch beanspruchte Konstruktionsteile sind dabei Methoden zur experimentellen Dehnungs-, Verformungs- und Spannungsanalyse von besonderer Bedeutung [1].

(a) *Elektrische Wegmessverfahren*: Messtechnische Ausnutzung der wegabhängigen Veränderung eines Ohm'schen, kapazitiven oder induktiven Widerstandes. Bei den häufig verwendeten induktiven Wegaufnehmern kann mit einem verschiebbaren Eisenkern durch die wegabhängige induktive Kopplung zwischen einer Primär- und zwei Sekundärspulen („Differenzialtransformator") eine Wegauflösung $\Delta l < 0,1\ \mu m$ erreicht werden.

(b) *Dehnungsmessstreifen* (*DMS*): Bestimmung der dehnungsabhängigen Widerstandsänderung ΔR einer auf das dehnungsbeanspruchte Bauteil aufgeklebten dünnen Metallfolie (mit mäanderförmiger Leiterbahn des Widerstandes R) als Funktion der Dehnung $\varepsilon = \Delta l/l_0$ mit einer Auflösung von $\varepsilon \approx 10^{-6}$, wobei $\Delta R/R = k \cdot \varepsilon$ (Faktor $k \approx 2$ für Metalle).

(c) *Moiré-Verfahren*: Ermittlung von flächigen Dehnungsverteilungen an Bauteiloberflächen durch Auswertung von Streifenmustern, die sich aus der optischen Überlagerung eines fest mit dem Bauteil verbundenen Objektgitters (10 bis 100 Linien/mm) und eines stationären, unverzerrten Vergleichsgitters ergeben.

(d) *Holografische Verformungsmessung*: Untersuchung von Oberflächenverformungen mittels Laserinterferometrie und Speicherung der lokalen Amplituden- und Phaseninformation der optischen Abtastung des Untersuchungsobjektes in der Fotoemulsion einer Hologrammplatte. Durch Vergleich der Hologramme des unbeanspruchten und des beanspruchten Bauteils ist der Nachweis von Oberflächenverschiebungen und -verzerrungen mit einer Auflösung von 0,05 bis 1 μm möglich.

(e) *Speckle-Verfahren*: Ermittlung von flächigen Verformungs- bzw. Dehnungsverteilungen durch Auswertung von Streifenmustern, die sich durch Überlagerung von mindestens zwei Speckle-Bildern ergeben. Die elektronische Speckle-Pattern-Interferometrie (ESPI, Shearografie) ermöglicht durch digitale Bildaufnahme und -analyse eine einfache und schnelle Messung von Verformungen, Dehnungen und Schwingungen mit einer Auflösung von $> 0,05\ \mu m$.

(f) *Spannungsoptik*: Analyse der Spannungsdoppelbrechung nach der Ähnlichkeitsmechanik hergestellter Bauteil-Modelle (z. B. aus Epoxidharz oder PMMA) in einer optischen Polarisator-Analysator-Anordnung, wobei die bei Durchstrahlung des mechanisch beanspruchten Modells mit monochromatischem Licht entstehenden dunklen Linien (Isoklinen- und Isochromatbilder) den Verlauf der Hauptspannungsrichtungen und Hauptspannungsdifferenzen anzeigen.

(g) *Röntgenografische Dehnungsmessung*: Bestimmung der durch äußere Kräfte oder Eigenspannungen hervorgerufenen Änderung von Netzebenenabständen kristalliner Werkstoffe mithilfe von Beugungs- und Interferenzerscheinungen von Röntgenstrahlen. Aus den mittels „Goniometern" für verschiedene Neigungswinkel registrierten Interferenzlinien können rechnerisch die zugehörigen Spannungskomponenten gewonnen werden.

11.5 Werkstoffmechanische Prüfverfahren

Werkstoffmechanische Prüfverfahren werden zur Untersuchung des Werkstoffverhaltens unter mechanischen Beanspruchungen eingesetzt. Neben labormäßigen Prüfverfahren mit genormten Proben und Prüfkörpern werden auch Betriebsversuche mit Originalbauteilen oder -systemen unter Belastungen und Deformationen durchgeführt, die die betrieblichen Verhältnisse simulieren. Dabei sind z. B. auch Temperatur- und weitere Umgebungseinflüsse zu berücksichtigen.

11.5.1 Festigkeits- und Verformungsprüfungen

Mit hier behandelten Prüfungen werden Festigkeitskenngrößen (z. B. Dehngrenze, Streckgrenze,

Zugfestigkeit, Druckfestigkeit) und Verformungs-kenngrößen (z. B. Bruchdehnung und Brucheinschnürung) bestimmt.

Die verschiedenen Prüfverfahren sind gekennzeichnet durch: Beanspruchungsart (z. B. Zug, Druck, Biegung, Scherung, Torsion) und zeitlichen Verlauf (z. B. statisch, zügig, schlagartig, schwingend).

Die Werkstoffkennwerte werden labormäßig an Probekörpern definierter (z. T. genormter) Abmessungen unter vorgegebenen Prüfbedingungen mit Werkstoffprüfmaschinen (DIN 51 220) nach einem der folgenden Verfahren ermittelt:

a) Verformungs-(dehnungs-)geregelte Versuche zur Ermittlung z. B. von R_{eL}, R_m, Fließkurve, besonders bei erhöhter Temperatur,

b) kraftgeregelte (belastungsgeschwindigkeitsgeregelte) Versuche zur Ermittlung z. B. von $E, R_{eH}, R_{p0,2}$,

c) Bestimmung der größten erreichten Verformung, z. B. Bruchdehnung, Brucheinschnürung, Durchbiegung beim Bruch, zur Kennzeichnung der Werkstoffduktilität,

d) Ermittlung der Standzeit (Dauerstand- bzw. Kriechversuch) bis zum Erreichen einer bestimmten Kriechdehnung bzw. bis zum Bruch, z. B. für Lebensdauerabschätzungen,

e) Ermittlung der Schwingungsspielzahl bis zum ersten Anriss bzw. bis zum Bruch einer Probe (Komponente) beim Ermüdungsversuch, der kraftkontrolliert oder dehnungskontrolliert ablaufen kann; Lebensdauerabschätzung bei schwingender Beanspruchung,

f) Ermittlung der Rissfortschrittrate da/dN bzw. der -geschwindigkeit da/dt bei Ermüdungs- bzw. Standversuchen. Restlebensdauerabschätzung, Bestimmung von Inspektionsintervallen usw.,

g) Bestimmung der Verformungsarbeit zur Qualitätskontrolle von Werkstoffen, z. B. beim Kerbschlagversuch; mit (DIN EN ISO 14 556) bzw. ohne (DIN EN ISO 148-1) Instrumentierung,

h) Ermittlung einer geeigneten Kenngröße bei sog. technologischen Versuchen, z. B. zur Kennzeichnung der Verformungsreserven (Hin- und Herbiegeversuch, Verwindeversuche) oder der Verarbeitbarkeit.

Durch die Prüfverfahren werden typische Betriebsbeanspruchungen nachgeahmt, wobei von idealisierten Bedingungen ausgegangen wird. Neben der Simulation der häufig nicht genau bekannten praktischen Beanspruchungsverhältnisse („stochastische Lastkollektive") bereitet die Übertragbarkeit von Werkstoffkennwerten, die an kleineren Proben genommen wurden, auf reale Bauteilabmessungen und Beanspruchungen häufig Schwierigkeiten.

In Tabelle 11-1 sind die wichtigsten genormten Verfahren der Festigkeitsprüfung für die hauptsächlichen Werkstoffgruppen zusammen mit Hinweisen auf Normen für Prüfkörper und Prüfmaschinen aufgeführt.

11.5.2 Bruchmechanische Prüfungen

Bruchmechanische Prüfungen erfordern hinreichend große Probenabmessungen, um die Bedingung der linear-elastischen Bruchmechanik (LEBM) zu erfüllen: ebener Dehnungszustand an der Rissspitze; nur kleine plastische Zone. Als Probekörper für bruchmechanische Prüfungen werden häufig die Dreipunkt-Biegeprobe, sowie die scheibenförmige Kompakt-Zugprobe (CT-Probe, compact tension) verwendet (vgl. US-Standard ASTM E 399-09). Bei den CT-Proben wird der (zugbeanspruchte) Ausgangsquerschnitt (Probenbreite W × Probendicke B) durch eine spanend hergestellte Kerbe auf etwa die Hälfte reduziert und in Zug-Schwellversuchen ein Ermüdungsriss der Länge a erzeugt (siehe Bild 9-9), wobei zur Erfüllung der LEBM-Bedingung gelten muss:

$$B, \text{ sowie } a > 2,5 \left(\frac{K_{Ic}}{R_{p0,2}} \right)^2 ,$$

K_{Ic} Risszähigkeit in $N/mm^{3/2}$

$R_{p0,2}$ Dehngrenze in N/mm^2 .

Die angerissene Probe wird im Zugversuch zerrissen und dabei der Wert für K_I ermittelt, bei der sich der Anriss instabil, d. h. schlagartig, ausbreitet (K_{Ic}).

Für Werkstoffe, bei denen vor dem Bruch im Bereich der Rissspitze bereits größere plastische Verformungen mit Rissausrundung, Rissinitiierung und stabilem Rissfortschritt (elastisch-plastische Bruchmechanik, EPBM) auftreten, wurde das J-Integral als Erweiterung der Verhältnisse bei LEBM auf Fälle größerer Verformung bei nichtlinearem Werkstoffverhal-

Tabelle 11–1. Übersicht über Normen zur Festigkeitsprüfung

Beanspruchung Zeitl. Ablauf	Zug	Druck	Biegung	Scherung	Torsion
Zügige Beanspruchung	Zugversuch DIN EN ISO 6892-1 (Metalle) – DIN 52188 (Holz) – DIN EN ISO 527-1 (Kunststoffe) – DIN 53504 (Elastomere) – DIN EN ISO 7500-1 (Zugprüfmaschinen) – DIN EN 658-1 (Verbundwerkstoffe)	Druckversuch – DIN 50106 (Metalle) – DIN EN 1926 (Naturstein) – DIN 1048 (Beton) – DIN 52185 (Holz) – DIN EN ISO 604 (Kunststoffe) – DIN EN ISO 7500-1 (Druck- und Biegeprüfmaschinen)	Biegeversuch – DIN 1048 (Beton) – DIN EN 1288, DIN EN 1288-5, (Glas- und Glaskeramik) – DIN 52186 (Holz) – DIN EN ISO 178 (Kunststoffe) – DIN EN 843-1 (Hochleistungskeramik)	Scherversuch – DIN 50141 (Metalle)	Torsionsversuch – DIN ISO 7800 (Drähte) – DIN EN ISO 6721-1, -2 (Kunststoffe)
Konstante Beanspruchung	Zeitstandversuch – DIN EN ISO 204 (Metalle) – DIN EN ISO 899-1 (Kunststoffe) – DIN EN ISO 7500-2 (Zeitstandprüfmaschine)				
Schlagartige Beanspruchung	Schlagversuch – DIN EN ISO 8256 (Kunststoffe)		Kerbschlagbiegeversuch – DIN EN ISO 148-1 (Metalle) – DIN EN ISO 179-1 (Kunststoffe) – DIN EN ISO 148-2, -3 (Pendelschlagwerke)		
Schwingende Beanspruchung	Dauerschwingversuch – DIN 50100 (Metalle)		Umlaufbiegeversuch – DIN 50113 (Metalle) Flachbiegeschwingversuch – DIN 50142 (Metalle)		

Schwingprüfmaschinen: DIN EN ISO 7500-1 (Beiblatt 3)

ten und das COD-Konzept (crack opening displacement) entwickelt. Im Gegensatz zur LEBM wird der Bruchvorgang dabei nicht von einer kritischen Spannungsintensität sondern von einer kritischen plastischen Verformung an der Rissspitze gesteuert. Mit Hilfe geeigneter Wegaufnehmer wird die Rissspitzenaufweitung als Maß für die Größe der plastischen Verformung bestimmt. Die das Werkstoffverhalten beschreibenden Werte der EPBM beziehen sich auf folgende Ereignisse:

- Initiierung eines Anrisses (Ji),
- langsames (stabiles) Weiterreißen eines Risses (sog. J-R-Kurve),
- Instabilwerden eines Risses.

11.5.3 Härteprüfungen

Bei der konventionellen Härteprüfung wird der Widerstand einer Werkstoffoberfläche gegen plastische Verformung durch einen genormten Eindringkörper dadurch ermittelt, dass der bleibende Eindruck vermessen wird. Je nach Prüfverfahren wird der Eindringwiderstand als Verhältnis der Prüfkraft zur Oberfläche des Eindrucks (Brinellhärte HBW, Vickershärte HV, Knoophärte HK) oder als bleibende Eindringtiefe eines Eindringkörpers bestimmt (Rockwellhärte HR). Zusammen mit dem Härtewert ist das Prüfverfahren anzugeben. Die zugehörigen Prüfnormen sind: DIN EN ISO 6506-1 (Härtepüfung nach Brinell), DIN EN ISO 6507-1 (Härteprüfung nach Vickers), DIN EN ISO 6508-1 (Härteprüfung nach Rockwell) und DIN EN ISO 4545-1 (Härteprüfung nach Knoop). Die Härte ist bei isotropen Materialien näherungsweise mit der Zugfestigkeit korreliert; für Baustähle gilt z. B. die Beziehung (DIN EN ISO 18265):

$$R_{\mathrm{m}}/\mathrm{MPa} \approx 3{,}5\,\mathrm{HBW} \ .$$

Neben den Härteprüfverfahren mit statischer Krafteinwirkung werden auch die folgenden Verfahren mit schlagartiger Prüfkrafteinwirkung verwendet:

- Dynamisch-plastisches Verfahren (Schlaghärteprüfung), Härtebestimmung aus der Messung des bleibenden Eindrucks, z. B. Baumannhammer, Poldihammer;
- Dynamisch-elastisches Verfahren (Rücksprunghärteprüfung), Härtebestimmung aus der Messung der Rücksprunghöhe des Eindringkörpers, z. B. Shorehärteprüfung.

Eine Weiterentwicklung der konventionellen Härteprüfverfahren stellt die Instrumentelle Eindringprüfung zur Bestimmung der Härte und anderer Werkstoffparameter dar, bei der der gesamtelastische und plastische Eindruck unter einer Prüfkraft aus der Eindringtiefe eines Eindringkörpers ermittelt wird (DIN EN ISO 14577-1). Sowohl die Kraft, als auch der Weg werden während der elastischen und plastischen Verformung gemessen. Bei Verwendung pyramidaler Eindringkörper wird die Martenshärte HM unter wirkender Prüfkraft aus den Messwerten der Kraft-Eindringkurve bestimmt. Alternativ kann sie für homogenen Werkstoffe auch aus der Steigung der Kraft-Eindringkurve ermittelt werden und erhält dann die Bezeichnung HM_{s}. Schließlich kann der elastische Eindringmodul E_{IT} unter Verwendung der Tangente (im Punkt $F_{\max}$) der Kurve der Kraftrücknahme berechnet werden. Er ist vergleichbar mit dem Elastizitätsmodul des geprüften Werkstoffs. Schließlich können weitere Informationen wie Eindringkriechen, Eindringrelaxation sowie der plastische und elastische Anteil der Eindringarbeit aus dem Versuch ermittelt werden.

Einen umfassenden Überblick über Härteprüfverfahren, die Auswahl der geeigneten Prüfmethode sowie die Ermittlung der mit dem Prüfverfahren verbundenen Messunsicherheit gibt das Kap. 7.3 des Handbook of Metrology and Testing [1].

11.5.4 Technologische Prüfungen

Mit technologischen Prüfverfahren werden Werkstoffe und Bauteile im Hinblick auf ihre Herstellung, Bearbeitbarkeit und Weiterverarbeitung untersucht. Die Ergebnisse sind meist verfahrensabhängig, sodass eine genaue Angabe von Prüfverfahren, Prüfobjekt und Prüfbedingungen erforderlich ist. Die technologischen Prüfverfahren lassen sich wie folgt einteilen:

(a) Prüfung der Eignung von Werkstoffen für bestimmte Fertigungsverfahren, z. B. im Hinblick auf
 - Gießeigenschaften: Schwindmaßbestimmung (DIN 50 131) sowie Untersuchung von Fließfähigkeit, Formfüllungsvermögen und Warmrissanfälligkeit.
 - Umformungseigenschaften: Tiefungsversuch nach Erichsen (DIN EN ISO 20 482) als Streckzieheignungsprüfung von Fein- und Feinstblech; Hin- und Herbiegeversuch an Blechen, Bändern oder Streifen (DIN EN ISO 7799).

(b) Prüfungen im Zusammenhang mit Fügeverfahren, z. B.

- Schweißverbindungen: Zugversuch (DIN EN ISO 4136), Biegeversuch (DIN EN ISO 5 173), Kerbschlagbiegeversuch (DIN EN ISO 9 016), Scherzugversuch (DIN EN ISO 14 273), Prüfungen von Schweißelektroden und Schweißdrähten (DIN EN ISO 2560)
- Lötverbindungen: Zugversuch, Scherversuch (DIN EN 12 797), Zeitstandscherversuch (DIN 8526)
- Metallklebungen: Zugversuch (DIN EN 15 870), Zugscherversuch (DIN EN 14 869-2), Druckscherversuch (DIN EN 15 337), Torsionsscherversuch (DIN 54 455); Losbrechversuch an geklebten Gewinden (DIN EN 15 865).
(c) Prüfung von Erzeugnisformen, z. B.
- Gusswerkstoffe: Zugversuch für Grauguss und Temperguss (DIN EN 1561, 1562)
- Feinbleche: Zugversuch (DIN EN ISO 6892-1, Federblech-Biegeversuch (DIN EN 12 384)
- Drähte: Zugversuch (DIN EN 10 002-1), Hin- und Herbiegeversuch (DIN EN ISO 7799), Wickelversuch (DIN ISO 7802); Prüfung von Drahtseilen (DIN EN 12 385-1)
- Rohre: Dichtheitsprüfung (DIN 50 104), Aufweitversuch (DIN EN ISO 8493), Ringfaltversuch (DIN EN ISO 8492).

11.6 Zerstörungsfreie Prüfverfahren

Zerstörungsfreie Prüfungen (ZfP) gestatten die Untersuchung von Werkstoffen, Bauteilen und Konstruktionen ohne deren bleibende Veränderung [3]. Neben der Ermittlung von Werkstoffeigenschaften oder -zuständen durch „Feinstrukturmethoden" werden makroskopische Materialfehler mit „Grobstrukturprüfungen" nach den folgenden Grundsätzen untersucht:
- *Oberflächenfehler* (z. B. Risse, Strukturfehler): Rissnachweis durch Flüssigkeitseindringverfahren unter Ausnutzung der Kapillarwirkung feiner Risse im μm-Bereich oder bei ferromagnetischen Bauteilen durch Sichtbarmachen des magnetischen Streuflusses; Untersuchung von Werkstoffinhomogenitäten im oberflächennahen Bereich durch Analyse der Wechselwirkung des Bauteils mit elektromagnetischen Feldern z. B. bei der Wirbelstromprüfung (WS), mit Ultraschallwellen (US)

bei der Ultraschallprüfung (Ultraschallmikroskop) oder mit Infrarot- bzw. optischer Strahlung (Thermografie, optische Holografie, Shearografie) sowie durch die Kombination verschiedener Wechselwirkungen (z. B. fotoakustische Methoden).
- *Volumenfehler* (z. B. Poren, Lunker, Heißrisse, Dopplungen, Wanddickenschwächungen usw.): Untersuchungen des Materialinneren mit Röntgen- oder Gammastrahlen (Radiografie, Computertomografie) oder mit Ultraschallwellen im Impuls-Echo-Betrieb und in Durchschallung.

11.6.1 Akustische Verfahren: Ultraschallprüfung, Schallemissionsanalyse

Eines der ältesten ZfP-Verfahren ist die „Klangprobe" zum Nachweis von Materialfehlern, z. B. in Porzellan- und Keramikerzeugnissen, Schmiedeteilen, gehärteten Werkstücken, usw., erkennbar am hörbar veränderten Klang beim Anschlagen des Prüfobjektes. Unter Verwendung geeigneter Messaufnehmer (Sensoren) und schneller Signalverarbeitung mit Computern können auch bei der Überwachung laufender Maschinenanlagen, wie Motoren oder Turbinen aus einer Luftschall- oder Körperschallanalyse (Frequenzanalyse, Fourieranalyse, usw.) Hinweise auf eventuelle Betriebsstörungen gewonnen werden (machinery condition monitoring).

Zur Untersuchung von Bauteilabmessungen (z. B. Wanddicken bzw. Wanddickenschwächungen durch Korrosion oder Erosion), Bauteileigenschaften (Schallgeschwindigkeit, Elastizitätsmodul und Poissonzahl oder Materialfehlern) werden von einem Prüfkopf Ultraschallimpulse einer geeigneten Frequenz (0,05 bis 25 MHz; Spezialanwendungen bis 120 MHz) in das Prüfobjekt gestrahlt, um nach Reflexion an einer Wand oder an Fehlern von demselben oder einem zweiten Prüfkopf empfangen, in ein elektrisches Signal umgewandelt, verstärkt und auf einem Bildschirm dargestellt zu werden (DIN EN 583). Schallrichtung und Laufzeit entsprechend der Weglänge zwischen Prüfkopf und Reflexionsstelle geben Auskunft über die Lage der Reflexionsstelle im Prüfobjekt. Merkmale von Ultraschall-Impulsechogeräten: Messbereich < 1 mm bis 10 m; Ableseunsicherheit < 0,1 mm; Prüfobjekttemperatur bei Standardprüfköpfen ≤ 80 °C, mit Spezialprüfköpfen bis 600 °C). Da das US-

Impulsechoverfahren kein direktes Fehlerbild liefert, ist die Bestimmung der Form und Größe von Materialfehlern im Bauteilinnern schwierig und wird u. a. mit folgenden Methoden abgeschätzt:

- Analyse von Fehlerechohöhe und -form in Abhängigkeit von der Einschallrichtung; maximales Signal bei Einschallrichtung senkrecht zur größten Fehlerausdehnung;
- Fehlerrandabtastung mit stark eingeschnürtem Ultraschallbündel z. B. durch fokussierende Prüfköpfe; Darstellung der Fehlerechosignale mit Rechnern unter Einsatz von Signal- und Bildverarbeitungsmethoden.
- Methoden der künstlichen Fokussierung und der akustischen Holografie. Berechnung der Fehlerabmessungen aus dem digital gespeicherten Echosignal oder aus digital gespeicherten Amplituden- und Phasenspektren bei Anwendung eines breit geöffneten Ultraschallbündels zur Fehlerabtastung.
- Durch Einsatz elektronisch gesteuerter Schallfelder mit Signal- und Bildschirmverarbeitung bei der Datenauswertung bzw. der Darstellung können aufschlussreiche Schnittbilder, ähnlich den Computertomogrammen der Röntgentechnik, auch mit Ultraschall erzeugt werden (Echotomografie).

Das Verfahren der Schallemission dient der Untersuchung von Werkstoffschädigungen unter mechanischer Beanspruchung. Es beruht darauf, dass Schallimpulse entstehen, wenn plötzlich elastische Energie dadurch freigesetzt wird, dass ein Werkstoff verformt wird oder dass Risse entstehen, wachsen oder bei Belastung sog. Rissufer-Reibung aufweisen. Die Schallwellenpakete können mit empfindlichen Sensoren (z. B. piezoelektrischen, aus Keramik) nachgewiesen und die Quelle des Schalls, d. h. der verursachende Fehler, durch Laufzeitmessung und Triangulation (Verwendung von Sensoren an drei verschiedenen Stellen des Prüfkörpers) geortet werden. Da bis auf die Rissufer-Reibung sämtliche Mechanismen der Schallimpulserzeugung bei Belastung nicht genügend Sicherheit einer eindeutigen Identifikation bieten, ist der Einsatz der Schallemission auf Bauteile aus solchen Werkstoffen konzentriert, bei denen durch einen inhomogenen Aufbau Rissufer-Reibung begünstigt wird. Es handelt sich um Verbundwerkstoffe wie Beton oder z. B. um glasfaserverstärkte Behälter und Leitungen in chemischen Anlagen. Die Bewertung von Schallsignalen aus den Impulsmerkmalen (Anstiegszeit, Energie, Häufigkeit) ist infolge der Dämpfung durch den Werkstoff und durch den Einfluss der Geometrie des Bauteils auf die Schallausbreitung bei schlecht definierten Signalquellen schwierig.

11.6.2 Elektrische und magnetische Verfahren

Elektrische und magnetische ZfP-Verfahren dienen hauptsächlich zum Nachweis von Materialfehlern im Oberflächenbereich von Werkstoffen und Bauteilen.

Das Wirbelstromverfahren (DIN EN ISO 15 549) nutzt die durch den Skineffekt an der Oberfläche konzentrierten, bei der Wechselwirkung eines elektromagnetischen Hochfrequenz-(HF-)Feldes mit einem leitenden Material induzierten Wirbelströme aus ($f \approx 10\,\text{kHz}$ bis $5\,\text{MHz}$, für Sonderfälle auch tiefer, z. B. $40\,\text{Hz}$ bis $5\,\text{kHz}$). Oberflächeninhomogenitäten oder Gefügebereiche mit veränderter Leitfähigkeit (z. B. Anrisse, Härtungsfehler, Korngrenzenausscheidungen) verändern die Verteilung der Wirbelströme in der Oberflächenschicht und beeinflussen dadurch das Feld und die Impedanz einer von außen einwirkenden HF-Spule. Obwohl die Signaldeutung schwierig ist, da es kein direktes Fehlerbild gibt, kann man durch Einsatz hochauflösender Spulensysteme und rechnergestützter Signalverarbeitung auch komplexe Fehler bildlich darstellen. Das Wirbelstromverfahren ist wegen seines robusten Aufbaus leicht in Fertigungsabläufe zu integrieren und daher zur automatischen Überwachung in der Massenfertigung geeignet.

Ein lokaler Nachweis von Materialfehlern, z. B. Rissbreiten im µm-Bereich, gelingt bei ferromagnetischen Werkstoffen mit dem magnetischen Streufluss-Verfahren (DIN 54 130). In einem von außen magnetisierten Werkstück entsteht an einem Fehler ein magnetischer Streufluss, wenn der Fehler Feldlinien schneidet. Das an Materialfehlern entstehende magnetische Streufeld kann mit Sonden abgetastet oder durch Überspülen der Materialoberfläche mit einer Suspension feiner Magnetpulverteilchen sichtbar gemacht werden. Die Magnetpulverteilchen werden von dem Streufeld festgehalten; bei Verwendung von fluoreszierendem Magnetpulver werden die Fehleranzeigen bei UV-Lichtbestrahlung besonders deutlich. Die Anzeigegrenze liegt bei einer Rissspaltbreite von 1 bis 0,1 µm; die Tiefe der erfassbaren Zone erstreckt sich bis etwa 3 mm und hängt von der Magnetisierung und dem Werkstoff ab.

11.6.3 Radiografie und Computertomografie

Radiografische Verfahren basieren auf der Durchstrahlung von Prüfobjekten mit kurzwelliger elektromagnetischer Strahlung und vermitteln durch Registrierung der Intensitätsverteilung nach der Durchstrahlung eine schattenrissartige Abbildung der Dicken- und Dichteverteilung. Sie können zur berührungslosen Dickenmessung von Werkstücken und zum Nachweis von Werkstoffinhomogenitäten abweichender Dichte (z. B. Hohlräume: Lunker, Poren) oder Zusammensetzung (z. B. Fremdeinschlüsse oder Legierungen), angewandt werden. Weitere wichtige Anwendungsbereiche betreffen die Durchstrahlungsprüfung von Gussstücken und Schweißverbindungen (DIN EN 12 681, DIN EN 444, DIN EN 1435).

Als hauptsächliche Strahlungsquellen für die Radiografie dienen:

– Röntgenstrahlung mit einer Strahlenenergie von 20 keV bis ca. 10 MeV, durchstrahlbare Werkstückdicke (Stahlproben) bis ca. 300 mm; Strahlenschutzregeln: siehe DIN 54 113-1;
– Gammastrahlung von Radionukliden, z. B. ^{192}Ir (durchstrahlbare Werkstückdicke 20 bis 100 mm), ^{60}Co (durchstrahlbare Werkstückdicke 40 bis 200 mm); Strahlenschutzregeln: siehe DIN 54 115.

Die Bildaufzeichnung hinter dem Prüfobjekt erfolgt überwiegend mit Röntgenfilmen, sowie zunehmend durch direkte Aufzeichnung der Intensitätsverteilung der Strahlung mit Gamma-Kamera, Bildverstärker, Fluoreszenzschirm und zugehöriger Fernsehkette (Radioskopie-System, DIN EN 13 068). Um eine optimale Fehlererkennbarkeit zu erreichen, müssen Strahlenintensität, Wellenlänge, Dicke des Prüfobjektes und Durchstrahlungszeit aufeinander abgestimmt sein. Zur Bildgütekontrolle können geeignete Festkörper (z. B. nach DIN EN 462) zusammen mit dem Prüfobjekt durchstrahlt und abgebildet werden. Durch Methoden der Bildverarbeitung, bei denen z. B. das Bildfeld punktweise abgetastet, die Röntgenintensität elektronisch verstärkt und intensitätsabhängig in Schwarzweiß- oder Farbkontraste umgesetzt wird, können Fehlerabbildungen deutlicher erkennbar gemacht werden.

Ähnlich der Medizin nutzt die Materialprüfung die Computertomografie. Ein fein gebündelter Röntgen- oder Gammastrahl durchstrahlt das Prüfobjekt in einer bestimmten Querschnittsebene in zahlreichen Positionen und Richtungen (Translation und Rotation des Prüfobjekts). Alle Intensitätswerte des durchgetretenen Strahls werden von einem Detektor gemessen und in einem Rechner gespeichert, der den Absorptionskoeffizienten, d. h. im Wesentlichen die Dichte jedes Querschnittelementes im Prüfobjekt, berechnet. Als Ergebnis werden zerstörungsfrei gewonnene Querschnittsbilder des Prüfobjektes in beliebigen Schnittebenen konstruiert, auf einem Bildschirm dargestellt und aufgezeichnet. Die Anwendungsmöglichkeiten sind vielfältig und reichen von der Untersuchung kompletter Systeme, z. B. geschlossener Getriebe und Motoren, Maß- und Fehlerkontrolle bei innengekühlten Turbinenschaufeln von Flugzeugtriebwerken über die Sichtbarmachung des Inhaltes von Gefahrgutumschließungen bis zur Analyse von Verbundwerkstoffen und keramischen Werkstoffen mit einer Auflösungsgrenze von ca. 25 bis 50 µm.

11.7 Komplexe Prüfverfahren

Technische Werkstoffe sind in ihren vielfältigen Anwendungsbereichen häufig einer Überlagerung von Beanspruchungsarten, Beanspruchungsenergieformen und Beanspruchungsmedien in räumlicher, zeitlicher und stofflicher Hinsicht unterworfen. Die Prüfung einfacher Proben unter Laborbedingungen muss daher durch „Komplexprüfungen" ergänzt werden, bei denen zahlreiche Bauteil-, Beanspruchungs- und Umgebungseinflüsse zu berücksichtigen sind, z. B.

– Gestalt- und Größeneinflüsse der Prüfobjekte
– Mehraxiale Beanspruchungen
– Stochastische Beanspruchungskollektive
– Überlagerung unterschiedlicher energetischer Beanspruchungen (z. B. mechanisch + thermisch, usw.)
– Überlagerung von energetischen und stofflichen Beanspruchungen (z. B. mechanisch + chemisch, usw.)
– Beanspruchungs-Zeit-Funktionen

Von Bedeutung ist dabei auch die Prüfung und Kennzeichnung des Material- oder Bauteilverhaltens unter der Wirkung unterschiedlicher stofflicher Wechselwirkungen. Die folgenden Abschnitte geben eine Übersicht über die wichtigsten Komplexprüfungen mit gasförmigen, flüssigen, festen und biologischen Beanspruchungsmedien.

11.7.1 Bewitterungsprüfungen

Bezüglich der Alterung von Materialien (vgl. 10.2) sind komplexe Bewitterungsprüfungen zur Bestimmung der Wetter- und Lichtbeständigkeit, besonders von Kunststoffen, wichtig. Kunststoffe sind bei der Anwendung im Freien zahlreichen Witterungseinflüssen ausgesetzt, z. B. der Globalstrahlung (Summe aus direkter Sonnen- und diffuser Himmelsstrahlung, maximale Bestrahlungsstärke auf der Erdoberfläche: ca. 1 kW/m^2), Wärme, Feuchte, Niederschlag, Sauerstoff, Ozon und Luftverunreinigungen. Wirkung der Globalstrahlung: Dissoziation chemischer Bindungen durch Photonenenergien von etwa 3 bis 4 eV (UV-Bereich, 290 bis 400 nm), thermische Wirkung im Gesamtspektrum (0,3 bis 2,5 µm), Veränderung der Farbe sowie der mechanischen und elektrischen Eigenschaften infolge fotolytisch-fotooxidativer Abbau- und Vernetzungsreaktionen.

Die Verfahren zur Prüfung der Wetter- und Lichtbeständigkeit können unterteilt werden in:

– Verfahren mit natürlicher Bewitterung: (Wetterbeständigkeitsprüfung, DIN EN ISO 877);
– Verfahren mit künstlicher Bewitterung: Einwirkung gefilterter Xenonbogenstrahlung mit 550 W/m^2 in klimatisiertem Probenraum mit der Möglichkeit zyklischer Probenbenässung; Globalstrahlungssimulation einer einjährigen Mitteleuropa-Freibestrahlung in 5 bis 6 Wochen (DIN EN ISO 4892-2).

Da natürliche Alterungsbedingungen nicht differenziert vorhersehbar sind und in ihrer Komplexität nur sehr schwer „zeitlich gerafft" werden können, ist die Beurteilung der langzeitigen Alterungsbeständigkeit von Materialien aufgrund der Extrapolation von Kurzzeitversuchen problematisch.

11.7.2 Korrosionsprüfungen

Korrosionsprüfungen dienen im wesentlichen drei Aufgabenbereichen (vgl. 10.4):

1. Ermittlung von Kenndaten der Werkstoffbeständigkeit,
   a) zur Qualitätskontrolle von Werkstoffen,
   b) zur Ermittlung von Beständigkeitskenndaten für einen geplanten Werkstoffeinsatz im praxisnahen Simulationsversuch.
2. Aufklärung von Korrosionsmechanismen und Bestimmung charakteristischer Grenzwerte.
3. Aufklärung von Schadensfällen.

Man unterscheidet Langzeit-, Kurzzeit- und Schnellkorrosionsversuche und je nach dem Umfang der Proben bzw. Versuchsanordnung Laboratoriums-, Technikums- und Betriebsversuche (Feldversuche). Korrosionsprüfungen erfordern infolge der Vielfältigkeit von Prüfobjekten und korrosiven Beanspruchungen genaue Richtlinien. Für chemische Korrosionsuntersuchungen gelten nach DIN 50 905 die folgenden allgemeinen Grundsätze:

– Durchführung von Korrosionsuntersuchungen als Vergleichsversuche mit mehreren Werkstoffen und korrosiven Mitteln, ggf. unter Einbeziehung von Vergleichswerkstoffen mit bekanntem Praxisverhalten,
– Erfassung des zeitlichen Ablaufs des korrosiven Angriffs (Versuchsbeginn und drei nachfolgende Zeiten) zur Erzielung eindeutiger Ergebnisse unter den jeweiligen Versuchsbedingungen,
– Darstellung jedes Untersuchungsergebnisses als Mittelwert von mindestens drei Versuchsergebnissen je Messpunkt,
– Anpassung der Untersuchungsbedingungen an den jeweiligen Praxisfall unter genauer Spezifizierung von Prüfobjekt (Stoff- und Formeigenschaften) und korrosiver Beanspruchung,
– Vorsicht bei der Übertragung von Kurzzeitversuchen auf die Praxis.

Die Prüfbedingungen für die unterschiedlichen Korrosionsprüfungen sind in zahlreichen Normen festgelegt, z. B. Kondenswasser-Prüfklima (DIN EN ISO 6270-2), Kondenswasser-Wechselklima mit schwefeldioxidhaltiger Atmosphäre (DIN 50018), Sprühnebelprüfungen mit verschiedenen Natriumchloridlösungen (DIN EN ISO 9227). Daneben gibt es Sonderprüfungen, z. B. zur Spannungsrisskorrosionsanfälligkeit von metallischen Werkstoffen. Bei der Versuchsauswertung werden nach DIN 50 905

im Wesentlichen die folgenden systembezogenen Kenngrößen ermittelt:
Massenänderungen, Oberflächenveränderungen, Angriffstiefe, Gefügeveränderungen, Veränderungen der mechanischen Eigenschaften, Art und Beschaffenheit der Korrosionsprodukte, Veränderung des korrosiven Mittels.

11.7.3 Tribologische Prüfungen

Tribologische Prüfungen untersuchen Werkstoffe und Bauteile, die durch Kontakt und Relativbewegung mit festen, flüssigen oder gasförmigen Gegenkörpern und die damit zusammenhängenden energetischen und stofflichen Wechselwirkungen beansprucht werden. Sie dienen der Beurteilung von mechanischen Systemen mit bewegten Oberflächen (tribotechnische Systeme) im Hinblick auf ihr Reibungs-, Schmierungs- und Verschleißverhalten (vgl. 10.6). Die technisch wichtigsten und umfangreichsten tribologischen Prüfungen sind Verschleißprüfungen, deren unterschiedliche Aufgabenstellungen sich schwerpunktmäßig wie folgt kennzeichnen lassen:

(a) Betriebliche Verschleißprüfungen (Bauteil- und Systemprüfungen),

(b) Modell-Verschleißprüfungen (Tribometerprüfungen)

Infolge der Vielfalt unterschiedlicher Aufgabenstellungen ist eine Einteilung der Verschleißprüfung in sechs Kategorien zweckmäßig:

– Kategorie I: Betriebsversuch (Feldversuch) mit kompletter Maschine oder Anlage,
– Kategorie II: Prüfstandsversuch mit kompletter Maschine oder Anlage,
– Kategorie III: Prüfstandversuch mit Aggregat oder Baugruppe,
– Kategorie IV: Versuch mit unverändertem (herausgelösten) Bauteil oder verkleinertem Aggregat,
– Kategorie V: Beanspruchungsähnlicher Versuch mit Probekörpern,
– Kategorie VI: Modellversuch mit einfachen Probekörpern.

Bei tribologischen Prüfungen werden je nach Aufgabenstellung und Prüfkategorie die folgenden hauptsächlichen Kenngrößen ermittelt:

– Reibungsmessgrößen: Reibungskraft bzw. Reibungsmoment, Reibungszahl, Reibungsarbeit, Reibungsleistung;
– Verschleiß-Messgrößen: Verschleißbetrag (Längen-, Flächen-, Volumen- oder Massenänderung des verschleißenden Körpers), Verschleißwiderstand (Reziprokwert des Verschleißbetrages), Verschleißgeschwindigkeit, Verschleiß-Wege-Verhältnis, verschleißbedingte Gebrauchsdauer;
– Verschleiß-Erscheinungsform: Licht- oder rasterelektronenmikroskopische Aufnahmen von Verschleißoberflächen; Oberflächenrauheitsmessung, (siehe 11.3.2); Oberflächenanalyse, (siehe 11.2.3); Untersuchung der oberflächennahen Mikrostruktur;
– akustische Tribokenngrößen: reibungsinduzierte Luft- oder Körperschallmeßgrößen;
– thermische Tribokenngrößen: reibungsinduzierte Temperaturerhöhung der Prüfkörper oder Bauteile;
– elektrische Tribokenngrößen: elektrischer Übergangswiderstand als Hinweis für das Vorhandensein eines Schmierölfilms oder einer Fremdschichtbildung auf den Kontaktpartnern.

In der Tribologieforschung werden außerdem neue hochauflösende Techniken, wie z. B. die Raster-Tunnelmikroskopie sowie das „Atomic Force Microscope" eingesetzt.
Die funktionsbezogenen Kenngrößen der Systemstruktur und des Beanspruchungskollektivs (siehe Bild 10-4, S. D88) bilden die Basis für eine systematische Bearbeitung von Verschleißproblemen.

11.7.4 Biologische Prüfungen

Grundlegende Aufgaben biologischer Materialprüfungen sind: Untersuchung der Beständigkeit von Materialien gegenüber dem Angriff von Schadorganismen, Erforschung der Schädigungsformen unter Berücksichtigung der Biologie der Schadorganismen, Überprüfung der Wirksamkeit von Materialschutzmaßnahmen gegenüber biologischen Schädigungen. Da biologische Prüfungen mit „lebenden Beanspruchungsagentien" durchgeführt werden und an den Schädigungsmechanismen verschiedene mechanische, physikalisch-chemische und biologische Prozesse beteiligt sind, ist eine sorgfältige Planung, Durchführung, Auswertung und Dokumentation der Versuche notwendig. Erforderlich sind sorgfältige Konditionierung der Versuchsproben (z. B. Feuchte und Temperatur), sterile Versuchsvorbereitung, Auswahl und Ansatz der Schadorganismen, statistische Absicherung der erzielten Ergebnisse.

Die wichtigsten biologischen Materialprüfungen werden eingeteilt in:

(a) Mikrobiologische Prüfungen (materialorientiert geordnet):
  - Holz- und Holzwerkstoffe: Prüfung von Holzschutzmitteln gegen Bläuepilze (DIN EN 152; Prüfung von Holzschutzmitteln gegen holzzerstörende Pilze (DIN EN 113; Holzschutz im Hochbau (DIN 68 800-1)
  - Papier: Prüfung der Wirksamkeit von bakteriziden und fungiziden Zusatzstoffen für Papier, Karton und Pappe (DIN 54 379)
  - Textilien: Bestimmung der Widerstandsfähigkeit von Textilien gegen Schimmelpilze (DIN 53 931)
  - Kunststoffe: Prüfung von Kunststoffen gegenüber dem Einfluss von Pilzen und Bakterien (DIN EN ISO 846)
(b) Zoologische Prüfungen (nach Schadorganismen geordnet):
  - Termiten: Bestimmung der Wirkung von Holzschutzmitteln (DIN EN 117, 118)
  - Hausbock: Bestimmung der Wirkung von Holzschutzmitteln (DIN EN 46-1, 47)
  - Anobien: Bestimmung der Wirkung von Holzschutzmitteln (DIN EN 48, 49-1, -2).

Bei der Prüfung und Anwendung von bioziden Materialschutzmitteln sind die Sicherheitsregeln im Hinblick auf den Umwelt- und Gesundheitsschutz zu beachten.

11.8 Bescheinigungen über Materialprüfungen

Die Ergebnisse von Materialprüfungen können von erheblicher wirtschaftlicher Bedeutung für Hersteller, Verarbeiter, Anwender und Verbraucher sein. Nach DIN EN 10 204, werden die folgenden Arten von Prüfbescheinigungen unterschieden:

Werksbescheinigung „2.1"

Bescheinigung, in der der Hersteller bestätigt, dass die gelieferten Erzeugnisse den Anforderungen bei der Bestellung entsprechen, ohne Angabe von Prüfergebnissen.

Werkszeugnis „2.2"

Bescheinigung, in welcher der Hersteller bestätigt, dass die gelieferten Erzeugnisse den Anforderungen bei der Bestellung entsprechen, mit Angabe von Ergebnissen nichtspezifischer Prüfungen.

Abnahmeprüfzeugnis „3.1"

Bescheinigung, herausgegeben vom Hersteller, in der er bestätigt, dass die gelieferten Erzeugnisse die in der Bestellung festgelegten Anforderungen erfüllen, mit Angabe der Prüfergebnisse.

Die Prüfeinheit und die Durchführung der Prüfung sind in der Erzeugnisspezifikation, den amtlichen Vorschriften und Technischen Regeln und/oder der Bestellung festgelegt.

Die Bescheinigung wird bestätigt von einem von der Fertigungsabteilung unabhängigen Abnahmebeauftragten des Herstellers.

Abnahmeprüfzeugnis „3.2"

Bescheinigung, in der sowohl von einem von der Fertigungsabteilung unabhängigen Abnahmebeauftragten des Herstellers als auch von dem Abnahmebeauftragten des Bestellers oder dem in den amtlichen Vorschriften genannten Abnahmebeauftragten bestätigt wird, dass die gelieferten Erzeugnisse die in der Bestellung festgelegten Anforderungen erfüllen, mit Angabe der Prüfergebnisse.

Ein Hersteller darf in das Abnahmeprüfzeugnis 3.2 Prüfergebnisse übernehmen, die auf der Grundlage spezifischer Prüfung des von ihm verwendeten Vormaterials bzw. der Vorerzeugnisse ermittelt wurden unter der Voraussetzung, dass er Verfahren zur Sicherstellung der Rückverfolgbarkeit anwendet und die entsprechende Prüfbescheinigung vorlegen kann.

11.9 Anforderungen an die Kompetenz von Prüflaboratorien

Im Zusammenhang mit der Bildung der Europäischen Union durch den Vertrag von Maastricht vom November 1993 und der Schaffung des europäischen Binnenmarktes erschien bereits 1989 die Europäische Norm EN 45 001 mit allgemeinen Kriterien zum Betreiben von Prüflaboratorien.

Die jetzt international geltenden „Allgemeinen Anforderungen an die Kompetenz von Prüf- und Kalibrierlaboratorien" sind in der Norm DIN EN ISO 17 025 festgelegt. Diese Norm – gegliedert in die Hauptabschnitte „Anforderungen an das Management" und „Technische Anforderungen" – enthält alle Erfordernisse, die Prüf- und Kalibrierlaboratorien erfüllen müssen, wenn sie nachweisen wollen, dass sie ein Qualitätsmanagement betreiben, technisch kompetent und fähig sind, fachlich begründete Ergebnisse zu erzielen.

Die Akzeptanz von Prüf- und Kalibrierergebnissen zwischen Staaten wird vereinfacht, wenn Laboratorien dieser Internationalen Norm entsprechend akkreditiert sind. Laboratorien können ihre Eignung zur Durchführung bestimmter Prüfungen in „Intercomparisons" und „Proficiency Tests" feststellen, siehe EPTIS, European Information System on Proficiency Testing Systems, www.eptis.bam.de.

12 Materialauswahl für technische Anwendungen

Jede Materialauswahl hat sich an den folgenden Zielen zu orientieren:

(a) Realisierung des Anforderungsprofils funktionell notwendiger Werkstoffeigenschaften,
(b) Erreichung wirtschaftlicher Lösungen durch Kombination preiswerter Werkstoffe und kostengünstiger Fertigungsmethoden,
(c) Anwendung solcher Werkstoffe und Gestaltungsprinzipien, die nach der Nutzung eine einfache Demontage und die umweltfreundliche Recyclerung bzw. Abfallbeseitigung ermöglichen.

Infolge des extrem breiten Spektrums technischer Anwendungsbereiche und der großen Vielfalt verfügbarer Werkstoffe muss die Materialauswahl den unterschiedlichsten Erfordernissen gerecht werden [1]. Nach den in technischen Anwendungen primär erforderlichen Werkstoffeigenschaften wird unterschieden zwischen *Konstruktions-* oder *Strukturmaterialien* und *Funktionsmaterialien* mit speziellen funktionellen Eigenschaften, z. B. elektronischer, magnetischer oder optischer Art.

12.1 Strukturmaterialien

Strukturmaterialien werden für mechanisch beanspruchte Bauteile in allen Bereichen der Technik eingesetzt. Hauptanwendungsgebiete der primär festigkeitsbestimmten Strukturmaterialien ist der allgemeine Maschinenbau, die Feinwerktechnik, das Bauwesen und die Anlagentechnik. Strukturmaterialien kommen aus allen metallischen, anorganischen und organischen Stoffbereichen. Im Hinblick auf die Erzielung möglichst wirtschaftlicher Lösungen wird im Allgemeinen versucht, hochentwickelte Werkstoffe mit gutem Preis-Leistungs-Verhältnis zu verwenden, deren Eigenschaften in Kombination mit günstiger Verarbeitbarkeit und Sicherheit für zahlreiche allgemeine Anwendungsfälle ausreichend sind. Hierzu gehören bei den metallischen Werkstoffen z. B. Baustähle, Gusseisen mit Kugelgraphit, automatengeeignete Qualitäten und preiswerte Messingarten, bei den Polymerwerkstoffen die Thermoplaste PE, PVC, PS, duroplastische Phenolharze und gummielastische Dienelastomere sowie bei den anorganisch-nichtmetallischen Werkstoffen die einfach zu verarbeitenden Betonwerkstoffe, Silicatkeramiken und Kalknatrongläser. Für mechanisch hochbeanspruchte Bauteile kommen außerdem verschiedene, meist faserverstärkte Verbundwerkstoffe zum Einsatz. Die hauptsächlichen Anforderungen an Strukturmaterialien betreffen neben der statischen und dynamischen Festigkeit und Steifigkeit eine ausreichende Beständigkeit gegenüber thermischen, korrosiven und tribologischen Beanspruchungen.

12.2 Funktionsmaterialien

Funktionsmaterialien sind primär durch nichtmechanische Eigenschaften, speziell elektrischer, magnetischer oder optischer Art gekennzeichnet. Hauptanwendungsbereiche sind die Elektrotechnik, Elektronik, Kommunikations- und Informationstechnik sowie die zugehörigen Gerätetechnologien. Wichtige Funktionsmaterialien sind z. B. die für elektrotechnische und elektronische Bauelemente verwendeten Halbleiter (Silicium, Galliumarsenid, Indiumphosphid), Flüssigkristallpolymere (LCP) auf Aramid- und Polyesterbasis sowie keramische Werkstoffe mit piezoelektrischen und elektrooptischen Eigenschaften (z. B. Bleizirkoniumtitanat, Bleilanthanzirkoniumtitanat). Sie bilden die stoffliche Basis von Bauelementen in Bereichen wie Integrierte Schaltungen, Optoelektronik, Fotovoltaik. Funktionsmaterialien werden außerdem in der Mess-, Steuer- und Regelungstechnik als Aktoren für Mikro-Stellvorgänge und als *Sensoren* zur Detektion oder Umwandlung von Signalen unterschiedlicher physikalischer Natur eingesetzt. Beispiele derartiger Sensortechnologien und zugehöriger Umwandlungsfunktionen sind: Bimetalle (thermisch-mechanisch), Formgedächtnislegierungen (thermisch-mechanisch), Thermoelemente (thermisch-elektrisch), Dehnungsmessstreifen (mechanisch-elektrisch), Fotoelemente (optisch-elektrisch), Piezoelemente (mechanisch-elektrisch, akustisch-elektrisch).

12.3 Festigkeitsbezogene Auswahlkriterien

Bei der Auswahl und Auslegung von Strukturmaterialien für primär mechanisch beanspruchte Bauteile wird im einfachsten Fall von Elastizitätseigenschaften und den Festigkeitskennwerten ausgegangen (siehe 9.2.3). Die mechanischen Werkstoffkennwerte, wie Streckgrenze und Ermüdungsfestigkeit, sind i. Allg. nur für einachsige Beanspruchungen bekannt. In zahlreichen primär mechanisch beanspruchten Bauteilen und Konstruktionen, wie Rohrleitungen, Druckbehältern usw., treten jedoch zwei- oder dreiachsige Spannungszustände auf. In diesen Fällen muss durch geeignete Fließ- und Festigkeitshypothesen eine Vergleichbarkeit zwischen einer mehrachsigen Bauteilbeanspruchung und den meist unter einachsiger Beanspruchung ermittelten Festigkeitskennwerten des Werkstoffs ermöglicht werden, siehe Teil E. Die hauptsächlichsten Hypothesen beziehen sich auf die Maximalwerte von Normalspannung (Zug oder Druck), Schubspannung und Gestaltänderungsenergie.

Diesen Hypothesen entsprechend werden Vergleichsspannungen eingeführt, die statt des mehrachsigen Spannungszustandes einen vergleichbaren einachsigen Beanspruchungszustand hervorrufen.

Sobald die Vergleichsspannung σ_V die jeweilige Festigkeitsgrenze des Werkstoffs erreicht, ist mit einem Versagen des Bauteils zu rechnen.

Wichtigste Versagensarten bei rein mechanischer Beanspruchung sind:

- Fließbeginn: Werkstoffkenngröße $R_e, R_{p0,2}$;
- Normalspannungsbruch bei spröden Werkstoffen: Werkstoffkenngröße R_m;
- Ermüdungsbruch: Werkstoffkenngröße σ_W.

Im Unterschied zur Versagensbedingung vom Typ

$$\sigma_V = \text{Werkstoffkennwert } R^*$$

wird in der Festigkeitsbedingung

$$\sigma_V \leqq \sigma_{zul} = \frac{R^*}{S}$$

durch Berücksichtigung des Sicherheitsbeiwertes $S > 1$ (siehe 9.4.1) sichergestellt, dass die zulässige Spannung einen sicherheitstechnisch hinreichenden Abstand von der Versagens-Grenzbeanspruchung hat. Für die Auswahl von Werkstoffen für Bauteile, die nicht nur mechanisch, sondern auch durch andere Einwirkungen (z. B. korrosiver oder tribologischer Art) beansprucht werden, müssen erweiterte Sicherheitsbeiwerte verwendet oder es muss von einer allgemeinen Systemanalyse des betreffenden Werkstoffproblems ausgegangen werden.

12.4 Systemmethodik zur Materialauswahl

Da bei zahlreichen technischen Anwendungen neben mechanischen auch noch andere Beanspruchungsarten auftreten, müssen die vielfältigen Einflussfaktoren in systematischer Weise berücksichtigt werden. Ein allgemeines Schema für eine systematische Materialauswahl ist in Bild 12-1 angegeben, vgl. 1.3 und K 2. Die systemtechnische Auswahlmethodik umfasst die folgenden hauptsächlichen Schritte:

(a) Systemanalyse des Werkstoffproblems: Untersuchung und Zusammenstellung der kennzeichnenden Parameter des Bauteils, für das der Werkstoff gesucht wird, aus den Bereichen Funktion, Systemstruktur und Beanspruchungen in möglichst vollständiger und eindeutiger Form.

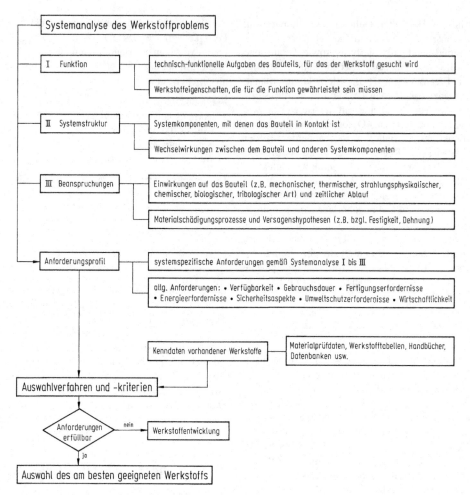

Bild 12-1. Systemmethodik zur Werkstoffauswahl

(b) Formulierung des Anforderungsprofils: Zusammenstellung der systemspezifischen und der allgemeinen Anforderungen, wie Verfügbarkeit, Gebrauchsdauer, Fertigungserfordernisse, usw. in Form eines „Pflichtenhefts", siehe Bild 12-1.

(c) Auswahl: Vergleich und Bewertung der Parameter des Anforderungsprofils mit den Kenndaten vorhandener Werkstoffe unter Verwendung von Materialprüfdaten, Werkstofftabellen, Handbüchern, Datenbanken usw. Wenn die Anforderungen mit den Kenndaten verfügbarer Werkstoffe erfüllt werden können, dürften wegen der systemanalytischen Vorgehensweise die wichtigsten Einflussparameter berücksichtigt sein. Im anderen Fall muss nötigenfalls der Systementwurf überdacht oder eine geeignete Werkstoffentwicklung veranlasst werden. Hierfür sind wegen des häufig sehr hohen Investitions- und Zeitaufwandes möglichst genaue Kosten-Nutzen-Analysen durchzuführen. Außerdem ist der Aspekt Material und Umwelt zu betrachten (siehe Kapitel 7).

Hilfreich für die Materialauswahl können die sogenannten Ashby-Diagramme sein [2]. Werkstoffe besitzen bestimmte Eigenschaften wie z. B. Dichte, Festigkeit, E-Modul, Korrosionswiderstand oder auch Preis. Eine Konstruktion erfordert ein bestimmten Eigenschaftsprofil, z. B. geringe Dichte, hohe Festigkeit und moderate Kosten. Es muss während des Auswahlprozesses die beste Übereinstimmung zwischen dem gewünschten Eigenschaftsprofil und dem realen Ingenieurwerkstoff gefunden werden. Eine erste Eingrenzung durch Eigenschaftsgrenzen schließt Werkstoffe aus, die die Konstruktionsanforderungen nicht erfüllen (z. B. eine Mindesteinsatztemperatur), damit erfolgt ein Ranking nach der Fähigkeit eines Werkstoffs, die Leistung zu maximieren. Die Leistung eines Werkstoffs ist im Allgemeinen nicht durch eine einzige Eigenschaft begrenzt, sondern durch eine Kombination von Eigenschaften, z. B. [2]:

▶ Die besten Werkstoffe für einen leichten und steifen Balken unter Biegebelastung sind solche mit einem möglichst großen Wert für $\sqrt{E}/\varrho$ (siehe Bild 9-3).

▶ Die besten Materialien für Federn sind solche mit einem möglichst großen Verhältnis von σ_f/E (σ_f = Bruchspannung).

▶ Den höchsten Thermoschockwiderstand erwartet man bei einem maximalen Wert von $\sigma_f/(E\alpha)$ (α = thermischer Ausdehnungskoeffizient).

Diese Eigenschaftskombinationen sind Materialindikatoren, die durch eine Analyse der Funktion, dem Ziel und den Zwängen aus den Konstruktionsanforderungen abgeleitet werden. Die Ashby-Diagramme helfen bei der Werkstoffauswahl. So hilft z. B. das log E über log ϱ Diagramm (Bild 9-3) bei der Auswahl von Werkstoffen für Anwendungen, bei denen das Gewicht minimiert werden muss.

In [2] werden zahlreiche Fallstudien für Konstruktionen beschrieben, in denen das Arbeiten mit den Eigenschaftsdiagrammen dargelegt und erläutert wird.

13 Referenzmaterialien und Referenzverfahren

Referenzmaterialien und Referenzverfahren dienen der Zuverlässigkeit und Richtigkeit von Messungen, Prüfungen und Analysen von Materialien in ihren technischen Anwendungen.

Referenzmaterial (RM): Material oder Substanz von ausreichender Homogenität mit einem oder mehreren so genau festgelegten Merkmalswerten, dass sie zur Kalibrierung von Messgeräten, zur Beurteilung von Messverfahren oder zur Zuweisung von Stoffwerten verwendet werden können [1]. Zertifizierte Referenzmaterialien (ZRM) werden durch ein Zertifikat mit Angaben zur Messunsicherheit und Rückverfolgbarkeit der Merkmalswerte auf eine Einheit gekennzeichnet.

Informationen über die Internationale Datenbank für zertifizierte Referenzmaterialien COMAR (11 000 RMs von 200 Produzenten aus 27 Ländern) gibt das Internet: www.comar.bam.de.

Referenzverfahren (RV): Eingehend charakterisiertes und nachweislich beherrschtes Prüf-, Mess- oder Analyseverfahren zur

(a) Qualitätsbewertung anderer Verfahren für vergleichbare Aufgaben oder

(b) Charakterisierung von Referenzmaterialien einschließlich Referenzobjekten oder

(c) Bestimmung von Referenzwerten

Die Ergebnisunsicherheit eines Referenzverfahrens muss angemessen abgeschätzt und dem Verwendungszweck entsprechend beschaffen sein.

Art und Einsatzbereiche von ZRM und RV werden im Folgenden für das Gebiet physikalischer und chemischer Prüfungen von Stoffen und Anlagen – für das die Bundesanstalt für Materialforschung und -prüfung (BAM) auf gesetzlicher Basis ZRM und RV bereitstellt – exemplarisch erläutert. Entsprechend den internationalen Erfordernissen hat die BAM die von ihr bereitgestellten spezifischen ZRM und RV in englischsprachigen Zusammenstellungen mit den folgenden Kategorien publiziert [2, 3], die im Internet abrufbar sind: www.bam.de.

Certified Reference Materials
Iron and Steel Products
Non-Ferrous Metals and Alloys
Special Materials
Primary Pure Substances
Environment
Food
Gas Mixtures
Elastomeric Materials
Optical Properties

Porous Reference Materials
Layer and Surface Reference Materials
Polymeric Reference Materials
Isotopic Reference Materials
Reference Procedures – Testing and Chemical Analysis
Inorganic Analysis
Organic Analysis
Microprobing and Microstructure Analysis
Gas Analysis and Gas Measurement
Testing of Surface and Layer Properties
Testing of Mechanical-technological Properties
Testing of Optical and Electrical Properties
Non-destructive Testing
In den genannten Materialbereichen und in den zugehörigen Gebieten der Technik und Wirtschaft können Referenzmaterialien und Referenzverfahren als prüftechnische Normale zur Qualitätssicherung dienen.

Literatur

Allgemeine Literatur

1. Bargel, H.-J.; Schulze, G.: Werkstoffkunde. 10. Aufl. Berlin: Springer 2008
2. Berger, C.; u. a.: Werkstofftechnik. In: DUBBEL: Tb. f. Maschinenbau. 23. Aufl. Berlin: Springer 2011
3. Bergmann, W.: Werkstofftechnik: Grundlagen und Anwendungen. München: Hanser 2008
4. Blumenauer, H. (Hrsg.): Werkstoffprüfung. Weinheim: Wiley 2007
5. Budinski, K.G.; Budinski, G.B.: Engineering materials – properties and selection. Pearson Education, 2009
6. Buschow, K.H.J.; Cahn, R.W.; Flemings, M.C.; Ilschner, B.; Kramer, E.J.; Mahajan, S. (Editors-in-Chief): Encyclopedia of Materials Science and Technology. Amsterdam: Elsevier 2001
7. Cardarelli, F.: Materials Handbook. 2nd ed. London: Springer 2008
8. Gay, D.: Composite materials – design and applications. 2nd ed. Boca Raton: CRC Press 2007
9. Gottstein, G.: Physikalische Grundlagen der Materialkunde. 3. Aufl. Berlin: Springer 2007
10. Henkel, D.P.; Pense, A.W.: Structure and properties of engineering materials. Boston: Mc Graw-Hill 2001
11. Hornbogen, E.; Eggler, G.; Werner, E.: Werkstoffe. 10. Aufl. Berlin: Springer 2012
12. Hornbogen, E.; Warlimont, H.: Metalle – Struktur und Eigenschaften der Metalle und Legierungen. 5. Aufl. Berlin: Springer 2006
13. Kaufmann, E.N. (Editor-in-Chief): Characterization of materials. Hoboken: Wiley 2003
14. Kroschwitz, J.I.: Encyclopedia of polymer science and technology. Hoboken: Wiley-Interscience 2003
15. Lange, G. (Hrsg.): Systematische Beurteilung technischer Schadensfälle. 5. Aufl. Weinheim: Wiley 2001
16. Menges, G.; Michaeli, W.; Haberstroh, E.; Schmachtenberg, E.: Werkstoffkunde Kunststoffe. 6. Aufl. München: Hanser 2011
17. Petzold, A.: Anorganisch-nichtmetallische Werkstoffe. Leipzig: Dt. Verl. f. Grundstoffindustrie 2001
18. Roos, E.; Maile, K.: Werkstoffkunde für Ingenieure. 4. Aufl. Berlin: Springer 2011
19. Worch, H.; Pompe, W.; Schatt, W. (Hrsg.): Werkstoffwissenschaft. 10. Aufl. Weinheim: Wiley-VCH 2011
20. Schwartz, M. (Editor-in-Chief): Encyclopedia of smart materials. New York: Wiley 2002

Spezielle Literatur

Kapitel 1

1. Gräfen, H. (Hrsg.): VDI-Lexikon Werkstofftechnik. Düsseldorf: VDI-Verl. 1993
2. Callister, W.D.: Materials science and engineering: an introduction. New York: Wiley 2010
3. Czichos, H.; Hahn. O.: Was ist falsch am falschen Rembrandt – Mit High-Tech den Rätseln der Kunstgeschichte auf der Spur. München: Carl Hanser Verlag 2011
4. Czichos, H.: Werkstoffe – Basis industrieller Technologien des 20. und 21. Jahrhunderts. Ingenieur-Werkstoffe, Bd. 7 (1998), Nr. 1, S. 3
5. Wissenschaftsrat: Stellungnahme zur Materialwissenschaft. Köln 1996
6. VDEh: Auswertung von Rohstoff- und Energiebasisdaten in Hüttenwerken. Düsseldorf 1992
7. Menges, G. (Hrsg.): Recycling von Kunststoffen. München: Hanser 1992
8. Wellmer, F.-W.; Becker-Platen, J.D.: Sustainable development and the exploitation of mineral and energy resources: a review. Int. J. Earth Sci 92 (2002) 723–745
9. August, H.; Holzlöhner, U.; Meggyes, T.: Optimierung von Deponieabdichtungssystemen. Berlin: Springer 1998

Kapitel 2

1. Schmalz, G.: Technische Oberflächenkunde. Berlin: Springer 1936 („Klassiker der Technik")
2. T.B. Massalski, H. Okamoto: Binary Alloy Phase Diagrams, American Society for Metals, Materials Park, OH, 1990
3. P. Villars, A. Prince, H. Okamoto: Handbook of Ternary Alloy Phase Diagrams, American Society for Metals, Materials Park, OH, 1995
4. Landolt-Börnstein, G. Effenberg: Ternary Alloy Systems
5. Landolt-Börnstein: Diffusion in festen Metallen und Legierungen, Band 26, H. Mehrer (Hrsg.) Springer-Verlag, Berlin, 1990
6. J.W. Martin, R.D. Doherty, B. Cantor: Stability of Microstructure in Metallic Systems, 2nd Edition, Cambridge University Press, Cambridge, UK, 1997
7. F.J. Humphreys, M. Hatherly: Recrystallization and Related Annealing Phenomena, Elsevier Science Ltd., Oxford, 2003

Kapitel 3

1. Berns, H., W. Theisen: Eisenwerkstoffe - Stahl und Gusseisen, 4. Auflage, Berlin: Springer 2008
2. Wegst, C.W.: Stahlschlüssel, 22. Aufl. Marbach: Verlag Stahlschlüssel, 2010
3. Polmear, I.J.: Light Alloys 4th Edition. Oxford: Butterworth-Heinemann, 2006

Kapitel 4

1. Habig, K.-H.: Verschleiß und Härte von Werkstoffen. München: Hanser 1980, S. 268–269
2. Buschow, K.H.J. (Editor-in-Chief): Encyclopedia of Materials Science and Technology – Aluminium nitride and Al on Ceramics, Vol. 1, p. 127–132 (2001)
3. Buschow, K.H.J. (Editor-in-Chief): Encyclopedia of Materials Science and Technology – Si-Al ON Ceramics, Vol. 9, p. 8471–8476 (2001)

Kapitel 5

1. Wagenführ, R.: Anatomie des Holzes. 5. Aufl. Leipzig: Fachbuchverlag 1999

2. Deppe, H.J.; Ernst, K.: Taschenbuch der Spanplattentechnik. Leinenfelden-Echterdingen: DRW-Verlag 2000
3. Hellerich, W.; Harsch, G.; Haenle, S.: Werkstoff-Führer Kunststoffe-Eigenschaften, Prüfungen, Kennwerte, 10. Aufl. München: Hanser 2010

Kapitel 6

1. Hornbogen, E.; Eggeler, G.; Werner, E.: Werkstoffe. 10. Aufl. Berlin: Springer 2012
2. Bunshah, R.F. (Editor): Handbook of hard coatings: deposition technologies, properties and applications. Park Ridge: Noyes Publ. 2001

Kapitel 7

1. Halada, K., Ijima, K., Katagiri, N., Ohkura, T., An approximate estimation of total materials requirement of metals. Journal of the Japan Institute of Metals 65(2-7), 564–570 (2001)
2. Schmidt-Bleek, F.: Das MIPS-Konzept, Droemer Knaur München (1998)
3. Wernick, I.K., Themelis, N.J.: Recycling metals for the environment. Annual Review of Energy and Environment 23, 465–497 (1998)
4. Bardt, H.: Die gesamtwirtschaftliche Bedeutung von Sekundärrohstoffen. IW-Trends 33(2-3) (2006)
5. Brown, W.M., Matos, G., Sullivan, D.E.: Materials and energy flows in the earth science century. US Geological Survey, Circular 1194 (2000)
6. PlasticsEurope: Plastics in Europe, An analysis of plastics consumption and recovery in Europe (2004)
7. Wellmer, F.W., Becker-Platen, J.D.: Sustainable development and the exploitation of mineral and energy resources: a review. International Journal of Earth Sciences (Geologische Rundschau) 91, 723-745 (2002)

Kapitel 8

1. Czichos, H.: Konstruktionselement Oberfläche. Konstruktion 37 (1985), 219-227
2. Hanselka, H., Nüffer, J.: Characterisation of reliability, in: Czichos, H., Saito, T. und Smith, L. (Hrg.), Handbook of Metrology and Testing, 2. Aufl. Springer, Berlin, New York 2011
3. Vogl, G.: Umweltsimulation für Produkte, Vogel Fachbuch, Würzburg, 1999

Kapitel 9

1. F. Cardarelli: Materials Handbook: A Concise Desktop Reference, 2. Auflage, London: Springer 2008
2. Ashby, M.F.; Jones, D.R.: Ingenieurwerkstoffe. Berlin: Springer 1986, S. 95 ff
3. Ehrenstein, G.W.: Polymer-Werkstoffe, 2. Aufl. München: Hanser 1999
4. Haibach, E.: Betriebsfestigkeit, 3. Aufl. Berlin: Springer 2006
5. Broichhausen, J.: Schadenskunde. München: Hanser 1985, S. 12

Kapitel 10

1. Czichos, H.; Habig, K.-H.: Tribologie-Handbuch Reibung und Verschleiß. 3. Aufl. Braunschweig: Vieweg 2010
2. Lemaitre, J.: Failures of materials. San Diego: Academic Press 2001
3. Worch, H.; Pompe, W.; Schatt, W. (Hrsg.): Werkstoffwissenschaft. 10. Aufl. Weinheim: Wiley-VCH 2011
4. VDI 3822: Schadensanalyse
5. Schmidt, R.: Werkstoffverhalten in biologischen Systemen, 2. Aufl. Düsseldorf: VDI-Verlag, 1993
6. Czichos, H.: Tribology and Its Many Facets: From Macroscopic to Microscopic and Nano-scale Phenomena. Meccanica (2001) 605–615

Kapitel 11

1. Czichos, H., Saito, T., Smith, L. (Editors): Springer Handbook of Metrology and Testing, 2. Aufl. Berlin, New York: Springer 2011
2. Czichos, H.: Messtechnik und Sensorik, in: DUBBEL – Taschenbuch für den Maschinenbau, 23. Aufl. Berlin: Springer 2011
3. Hellier, C.: Handbook of nondestructive evaluation. New York: McGraw-Hill 2001

Kapitel 12

1. Waterman, A.; Ashby, E.M.: The Materials Selector. London: Chapman & Hall, 1997
2. Ashby, M.F: Materials Selection in Mechanical Design, 4. Auflage, Elsevier Amsterdam, 2011

Kapitel 13

1. DIN: Internationales Wörterbuch der Metrologie. 9. Aufl. Berlin: Beuth-Verlag 2010
2. BAM (Hrsg.): Certified Reference Materials Catalogue. Berlin: Bundesanstalt für Materialforschung und -prüfung 2011
3. Verzeichnis der Referenzverfahren in der BAM (www.bam.de/de/fachthemen/referenzverfahren/verfahren.htm)